浓缩的四季

小林健二的景色盆景

[日] 小林健二 著　　刘婧 译

华中科技大学出版社
http://www.hustp.com
中国·武汉

有书至美
BOOK & BEAUTY

每天忙忙碌碌的现代人，大概没有什么机会去感受自然的变化，能接触到花草树木的机会恐怕都很少。

景色盆景，是在花盆中展开的景色。在花盆中可以欣赏到山峦、峡谷、溪流、湖水、森林……手掌大小的尺寸竟然能容纳如此多的景观，"微缩的大自然"正是景色盆景的魅力所在。此外，如能在变换花盆、设置铺设物或摆放台等环节上多花些心思，便可为室内装潢增添更多情趣。

另一方面，植物是诚实的，因为无法通过哭泣或者欢笑来表达感受，其健康或不适都会直接通过状态反映出来。养育植物的话，需要心灵足够敏感细腻，能够观察到植物细微的变化，感知植物的"心情"。我认为拥有这样的心，对养育植物来说是非常重要的，同时也是作为一个人的重要魅力所在。人类无法创造的自然之美，却可以通过景色盆景来实现。一起来制作盆景吧，让我们一边感受着四季变换的情趣，一边得到治愈和鼓励。

品品　小林健二

小林健二
Kobayashi Kenji

　　景色盆景店"品品"的创始人。曾于美国俄勒冈州波特兰市边培植植物边学习能够营造景观的"盆景学"。回到日本后，开创了"景色盆景"这一独有的盆景风格，创立了"品品"。他将植物与现代生活联系起来，以"通过植物丰富人们的心灵"为信念。为了向人们传达景色盆景的魅力，他开设了景色盆景教室，并广泛活跃于电视、杂志等多个领域。

品品
Sinajina

地址	日本东京都世田谷区奥泽2-35-13
邮编	158-0083
电话	03-3725-0360
网址	http://www.sinajina.com/
邮箱	info@sinajina.com
营业时间	10:00—19:00
休息日	每周三
交通方式	乘坐东急东横线，于自由之丘站下车后步行约5分钟
	乘坐东急目黑线，于奥泽站下车后步行约5分钟

目录

盆景协助　后藤隆一（品品）

封面·内文设计　藤牧朝子

照片提供　谷本夏（studio track 72）

摄影协助　宫本酿造　小田岛家

插图　稻月CHIHO

DTP　中川清（EDITEX）

编辑协助　杉山梢

印刷　图书印刷株式会社

＊本书为2007年2月出版的
《BONSAI×LIFE》的再编版。

〈 制作盆景的必备工具 〉

来吧，开始做一个盆景。
首先，要准备好必需的工具，
再决定担任主角的植物、
为盆景增色的花盆，以及土和化妆砂。
选择的方法将在下文中揭晓。

盆 景 制 作 第 一 步

准备基本工具

制作盆景，首先要准备好基本工具。这些工具除了在专门的盆景店中有售，在园艺店或家居用品店也可以买到。有时候，也可以用身边的日用品代替。

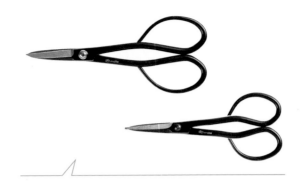

修枝剪刀

用于修剪枝干和叶片的剪刀。如果是制作小型盆景，建议用小号修枝剪刀。一般来说，同时备好大号和小号的修枝剪刀会比较方便。上图中的剪刀是铜制的，常见的还有不锈钢制的。

钢丝剪刀

用于剪断盆底铺设的铁丝网或固定树枝的铁线，也可以用核桃夹子代替。

分枝剪刀

用于修剪主枝上的侧枝。由于刀尖非常锐利，可以轻易插入枝干，切口也很容易愈合。

花艺剪刀

虽然从名称上来看是修剪花枝用的剪刀，但实际上也可以用来在栽苗时修根或修剪粗枝。

筒铲

用于将土或化妆砂舀入花盆中。多准备几种类型的铲子会比较方便。

双头耙子

可以用来松土，也可以用来平整土壤或化妆砂。

双头镊子

镊子可以用来拨开苔藓或摘除枯叶，还可以在修整根部时使用。平坦的另一头可以用来把土压平。

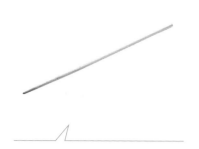

圆筷

用于把土填入植物根部的空隙中，也可以用来拨开缠绕在一起的根须。前端较细的圆筷用起来比较方便。

筛子

用于筛分土壤或化妆砂。由于筛子的网眼大小不同，所以多准备几种会比较方便。

喷雾器

带有长长的喷嘴，吸管也做得很长，即使水少的情况下，也无须倾斜瓶体便可轻易喷出水雾。

盆

有临时放置植物、给植物分根及洗根等多种用途。一般来说，用洗脸盆就可以了。

园艺用铝线

在花盆底部安装铁丝网或者固定树枝时使用。粗细不同，用途也有所不同。

旋转台

将花盆放置于旋转台上旋转，可以从各个角度观察植物，从而方便作业。

扫帚

用于清理工作台上散落的泥土和砂石，特别是细碎的泥土。

抹布

用于擦手或清理台面，也可以用来给洗根后的植物吸干水分。一般来说，制作盆景的时候，准备两三条抹布会比较方便。

垫片

防止土从花盆底孔漏出的同时，也防止虫子从花盆底孔钻入土中。可以根据花盆底孔的大小，剪裁适合的尺寸。

为种植喜爱的植物

选择花盆

根据颜色、大小、材料、形状的不同，花盆可以分为很多种，一般来说，挑选自己喜欢的即可。但是，为了更好地培育植物，还是要注意一些事项。

首先，要注意花盆底部是从内侧开孔还是从外侧开孔，以内侧开孔的为佳。因为从外侧开孔的话，花盆底孔周围会隆起一些，盆底容易存水，从而导致植物根部腐烂。

其次，尽量选择底部大、有多个底孔的花盆，这种花盆透水性好，使用起来更放心。为了进一步提高透气性，也可以选择带脚的花盆。另外，釉会影响花盆的透气性，所以尽量不要选择内部上釉的花盆。

需要注意的是，有时为了需要，也会选择无底孔的花盆。为了防止植物根部腐烂，应选用专门的室内栽培土。

在"各种花盆的魅力"（第098页）一节中，同样介绍了多种花盆，请结合此部分内容一同阅读。

◎ 花盆的尺寸

从直径3厘米以下的拇指盆、手掌大小的小号花盆，到中号花盆、大号花盆……花盆的尺寸可谓不一而足。一般来说，植物的高度与花盆的高度比例为7:3（或3:7）时，是最和谐的。另外，花盆越小，可盛放的土就越少，土也就越容易干，需更加注意浇水。

大号花盆

小号花盆

中号花盆

◎ 盆口的形状

花盆口有各种形状。正方形和圆形盆口的花盆，给人以稳定的平衡感，即使是初学者也能用它们轻易制作出比例和谐的盆景。

长方形盆口的花盆，如能掌握好对角线的比例，再灵活运用植物原本的形状，会更容易营造出美好的景观。另外，也可以像风景照片那样，选取花盆的一角营造景观。

椭圆形盆口的花盆，其曲线给人以纵深感，仿佛可以想象盆景的景观从边缘的部分无限延伸出去。

正方形

长方形

正圆形

椭圆形

◎ 花盆的种类

花盆种类繁多，形状各异，本书介绍的只是其中的一部分。下面针对市面上常见的花盆，分别讲解其特点。

悬崖盆

具有一定高度的直筒形花盆。这种花盆适合制作悬崖式盆景，植物的枝干斜出盆口再下垂延伸，千姿百态，极富山林野趣。

圆形花盆

圆形的花盆线条柔美，形状饱满，给人以纵深感。上图中的花盆属于口小肚大的类型，保水性很强。

矮脚盆

如上图所示，是带"脚"的花盆。因为盆底架空离开了地面，花盆具有良好的透气性。与普通花盆相比，矮脚盆本身就具有较强的设计感。

斗笠盆

形状像倒过来的斗笠，故得名。适合制作枝叶四散延伸开来的丛林式盆景。

浅口盆

这种花盆宽口浅底，制作盆景时，盆面需留出充足的余地，使植物的枝干突出于泥土表面，从而产生丛林的意境。为了增强透水性，最好选择有多个底孔的花盆。

拇指盆

直径3厘米以下的花盆。用拇指盆制作的盆景被称为"小品盆景"。拇指盆适合培育种子植物，由于可盛放的土量很少，要注意浇水，避免干涸。

◎ 准备花盆

为了避免土从花盆底孔漏出并防止虫子从花盆底孔钻入土中，在准备花盆时，需要在盆底垫上垫片。

1　将垫片剪裁成比花盆底孔大两圈左右的尺寸。

2　将园艺用铝线剪成合适的长度，弯曲成"∩"的形状。

3　将铝线穿过垫片。

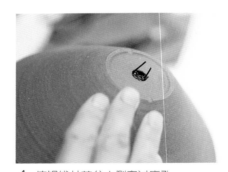

4　使铝线从花盆内侧穿过底孔。

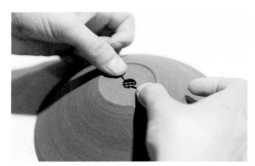

5　翻过花盆，将露出底孔的铝线向外侧弯折，牢牢地固定住。

6　准备完毕。

选定盆景的主角
选择植物

　　植物的幼苗可以在园艺店或家居用品店的园艺柜台买到。如果想买适合制作盆景的幼苗，建议还是去专门的盆景店购买。在盆景店购买的话，不但可选的种类很多，浇水、施肥、日常维护和病虫害对策等售后服务也会更有保障。如果附近没有专门的盆景店，也可以考虑从网上的盆景店购买，这种方式也非常方便。

　　选择幼苗的时候，要尽量选择健康的。那些干枯、患病的自然不要买，那些花果过多、枝叶过于美观的也不要买，因为很可能是用过多的农药和肥料培育出来的，这样的植物买回家后很快就会变得衰弱。

　　植物可分为木本植物和草本植物两大类。即使是同一种植物，也会因光照、土壤成分的不同而形态各异。购买植物幼苗的时候，只要选择符合自己感觉的就好了。

◎ 植物的种类

　　植物可分为草本植物和木本植物两大类，还可细分为落叶植物、常绿植物、观花植物和观果植物等。

木本植物

木本植物可细分为落叶植物、常绿植物、观花植物、观果植物等多个种类。在制作盆景时，先选择作为主干的植物，在此基础上再增加一些辅助的"支干植物"。要注意枝干的粗细和生长的走向。

草本植物

草本植物不但可以作为"主干植物"的陪衬，也可以担任盆景的主角。一般来说，以木本植物为主的盆景，呈现着微缩的现实风景。而以草本植物为主的盆景，大多是按与实景1:1的比例来构想并制作的。

◎选择幼苗的要点

　　购买时，要注意选择健康、未开花、株形优美的幼苗。

要点①
选择健康的幼苗

　　不要购买叶片发白的幼苗，这种幼苗很可能感染了病虫害。除此之外，长时间栽种在塑料容器里或通风和日照条件不佳，也会造成幼苗枝叶变黄或脱落。上图中的两盆都是越橘的幼苗，右边那盆就显得比较没有精神。可见，即使是同种植物，日常护理的方法不同，呈现出的状态也会大相径庭。

要点②
选择未开花的幼苗

　　购买观花植物的幼苗时，请尽量选择未开花、最多带有花苞的。如果选择已经开花的幼苗，之后只能体验花朵从盛开到凋谢的过程，期待感就会削弱许多。在培育植物的过程中，可以观察到打苞直至花苞盛开的过程，才是乐趣所在。

要点③
选择株形优美的幼苗

　　选择盆景中的主干时，要格外注意植物的形状。例如，比起上下相同粗的枝干，要优先选择从下至上逐渐变细的枝干。另外，分支较多、枝条弯曲方向各异的植物，可塑性会更强。右图中的两盆幼苗中，左边那盆更适合作为主干来制作盆景。

◎植物的处理工作

购买植物之后，在制作盆景前，需将其从盆中取出，进行枝叶、根须的整理工作。

1 按住花盆的底部，由下至上轻推，小心地将植物取出。如果很难取出，须尽量抓住植物的根部轻轻向上提，避免扯断根须。

2 将植物从花盆中取出之前（或取出之后），须用剪刀剪去枯枝，用镊子将受伤的叶片摘下。

3 如果有其他植物混入土中，须用镊子摘除。

4 用筷子或镊子一点点地将缠绕在一起的根须解开，同时除去旧土。外侧的侧根是植物为了更好地吸收水分而生长出来的，解开时可以稍微用力；内侧的主根是植物生长所必需的，解开时一定要格外小心。

5 在为根须纤细的植物或寄生植物洗根时，要尽量避免根部以外的部分浸入水中。清洗根须时，需用指腹分开根须，轻柔地搓洗。洗完后，用毛巾盖住根须，轻轻按压，吸取水分。

6 在根须太长而无法全部放入花盆内，或者根须太发达容易堵塞花盆底孔时，可适当剪根，但是在植物的生长期尽量不要剪根。剪根时，要注意剪去老根、烂根和长得太长的根，这样做可以加速植物的新陈代谢，使其更好地吸收养分。

根据植物配土

选择土

　　说到土，市面上有各种各样的园艺用土，购买时需根据植物的特性选择适合的土壤。盆景所用的土需要兼具保水性和排水性，且推荐养分充足的硬质土。

　　顺便一提，常见的那种园艺用土，其实并不适合用于盆景。那种土养分含量很高，用于盆景时会使植物的根须过度生长，容易堵住花盆底孔。这样一来，花盆的排水性和透气性就会变差，植物也会变得衰弱。

◎盆景用土的种类

　　下面介绍最常见的6种盆景用土，可以混合搭配使用。

赤玉土

赤玉土是由火山灰堆积而成的一种颗粒土，排水性和保水性完美平衡，作为园艺用土被广泛使用。制作小品盆景时，需选用颗粒较小的赤玉土。推荐硬质赤玉土。

富士砂

富士砂是富士山的火山砾，是一种保水性、排水性、透气性都很出色的硬质土。将富士砂混入土中，可有效避免土壤结块。

鹿沼土

鹿沼土原产于日本栃木县鹿沼市周边的火山区，是一种火山灰沉积形成的矿质土壤。在潮湿状态下呈漂亮的金黄色，干燥后变为淡黄色或白色。由于鹿沼土是酸性土壤，所以不适合不耐酸性的植物。

桐生砂

桐生砂是一种火山砾风化而成的土，因产于日本群马县桐生市而得名，由于透气性出色，通常与其他土混合使用，适合喜欢酸性环境的植物。

陶粒土

陶粒土无菌、无臭，具有极佳的排水性和透气性。使用没有底孔的花盆时，将陶粒铺在最底层，可有效防止植物的根部腐烂。

酮土

酮土养分丰富，保水性极佳但排水性不佳。由于富有黏性，易塑形，在盆景中添加苔藓时多会用到酮土。

◎ 如何配土

一般来说，盆景用土是将几种土混合在一起使用的。例如，3份保水性和排水性兼备的赤玉土、1份排水性出色的富士砂、1份保水性出色的酮土，以这种比例的配土可以广泛应用于各种盆景中。

常用配土比例

赤玉土：富士砂：酮土＝3：1：1

这样的配土比例，以保水性和排水性兼备的赤玉土为主，搭配排水性出色的富士砂和养分丰富的酮土。这种配土可以广泛应用于草本植物和木本植物的盆景。如果是喜湿的植物，可以在此比例的基础上适当添加酮土；如果是喜干的植物，可以在此比例的基础上适当添加富士砂。

苔玉盆景的配土比例

赤玉土：富士砂：酮土＝1：1：2

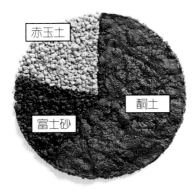

苔玉盆景配土是以保水性极佳的酮土为主，搭配赤玉土和富士砂。这种配土兼具出色的保水性和排水性，同时富有黏性，非常容易塑形。

松柏类盆景的配土比例

赤玉土：富士砂＝7：3

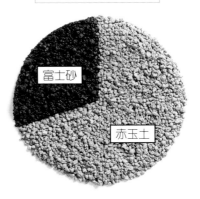

松科、杉科、柏科的松柏类植物，不需要常常施肥养护，只要在适当的时期给予养分即可。所以松柏类盆景的用土养分不必很丰富，用赤玉土搭配富士砂的配土就可以了。

◎一般盆景用土的混合方法

准备好要混合的土之后，将土粒混合均匀。

1 将各种土按比例放入盆中，可添加适量缓释肥（上图中白色的颗粒）。

2 用手指仔细将结块的土掰碎。

3 用两只手将各种土充分混合均匀，确保没有结块的土。

4 至配土混合均匀、颗粒分明即可。

◎苔玉盆景用土的混合方法

苔玉盆景和酮土球的制作方法。

1 将苔玉盆景所需的各种土按比例放入盆中。

2 一边用喷雾器适当加水，一边像和面一样揉土。

3 直至土变得像制作面包的面团般，富有黏性和光泽。

4 将土揉成棒球大小的球形，用保鲜膜包好就可以了。

为表现景色
与营造空间

选择
化妆砂

化妆砂，顾名思义，是在土的表面铺上的一层砂。就像人化妆一样，可以起到美化盆景的作用。

化妆砂并不仅仅把土遮盖起来，其重要作用在于表现出盆景制作者构想的景色。选择不同的化妆砂，运用不同的手法，可以灵活表现出山川、河流及春夏秋冬的景色。根据花盆空间的大小，也可以用化妆砂营造出古典庭园或摩登都市等效果。甚至以植物无法表现的景色，也可通过化妆砂来实现。

化妆砂还可以帮助我们辨别盆景中的土壤是否干燥，有利于盆景的养护。因为如果用苔藓覆盖土壤表面，很难判断土壤是湿润还是干燥，而用化妆砂覆盖土壤表面的话，当化妆砂干了，就表明盆景需要浇水了。

化妆砂中有时也会混入碳颗粒，由于碳的净化作用很强，土壤中的养分很可能也会被碳净化掉，需要特别注意。

◎ 化妆砂的种类

下面介绍八种常见的化妆砂。

富士砂

富士砂是富士山的火山砾，优雅的黑色可以很好地映衬出苔藓的绿色。富士砂是一种盆景中常用的化妆砂，具有优良的保水性，适合大多数植物。

鞍马砂

产于日本京都府鞍马山，因富含氧化铁，呈茶褐色。鞍马砂可以表现出京都石庭的高雅景色，因为产量稀少，所以价格较贵。

矢作砂

日本爱知县矢作川出产的河砂，是由不同山中的石块流入河川中形成的，矢作砂颜色丰富，品位高雅，给人以温暖感。在盆景中加入矢作砂，可提升其华丽感。

鹿沼土

鹿沼土原产于日本栃木县鹿沼市周边的火山区，是一种火山沙砾风化而成的矿质土。鹿沼土通常作为盆景用土使用，极小粒的鹿沼土也可作为化妆砂使用。潮湿状态下是漂亮的金黄色，干燥后变为淡黄色或白色。

桐生砂

以群马县桐生市周边为产地，是一种火山沙砾风化而成的土。虽然也可以用作用土，但是极小的也可作为化妆砂使用。整体上呈茶色，但也混入了白色和黑色的颗粒。

御影石

御影石根据颜色和花纹可分为多个种类，除了上图中的白御影，还有黑御影、樱御影、赤御影等。御影石的粒径大小不一，大颗粒的御影石可作为庭园的铺地石。制作盆景时，需根据景观的比例，挑选粒径适合的御影石。

锈砂

含有大量铁的沙砾，因其表面被锈覆盖，故呈茶色。通常用于表现日式庭园独有的寂寞感。但是，锈砂的锈迹很容易附着在容器上，所以使用白瓷等质地的器皿时要格外注意。

那智黑

玉砂利[1]的一种，特点是被水浸湿后所呈现出的独有光泽感。因为粒径较大，能够很好地表现出石头的高级感。虽然同样是黑色的石头，但是那智黑与富士砂给人的感觉完全不同。

---

1 玉砂利：日式庭园中大量铺设的白色石子。

〈 制作各种各样的盆景 〉

盆景的种类很多，

这里，我们将为您讲解只有一棵植物的"一本物"盆景、

混合各种植物的组合盆景、

以苔藓为主角的苔盆景

以及苔玉盆景的基本制作方法。

制作盆景①

制作"一本物"盆景

制作盆景的基础——用一棵植物呈现景色

　　在这里，我们将由一棵植物构成的盆景，称为"一本物"盆景。制作盆景的第一步，就是要认真观察植物。植物从哪个角度看起来最有感染力、最能让人感受到纵深感等，方方面面都要考虑到。

　　栽种植物的时候，要决定好其正面（表）和背面（里）。通常来说，大多数人习惯将能看到叶子的那面作为正面，但在盆景的世界中则

◎ 材料

在这里，我们使用山红叶的幼苗，制作简单而具有现代感的盆景。

植物

粗叶白发苔

山红叶

花盆

使用圆形花盆
（直径约8厘米，高约5厘米）

土

花盆底部铺石
富士砂（中粒）

盆景用土配比
赤玉土:富士砂:酮土=3:1:1

将这一面称为"叶面"，一般不作为正面使用。制作盆景时，通常将可以观赏到枝干的那一面（即"干面"）作为正面，当然也存在特例的情况。将"干面"设置为正面，可以更好地展示植物的枝干，使人更加深刻地认识到植物原本的样子。另外，植物的姿态有动有静，有的枝干直立，有的枝干弯曲，姿态可谓千差万别。如能有技巧地利用植物原本的姿态，即使是一棵植物也可以表现出丰富的感染力及纵深感。花盆的形状和植物的栽种位置，对盆景的空间构成有很大的影响力，详情请参见第064页的《图解制作盆景的艺术法则》。

请盆景制作的新手们先领会上述内容，再开始制作第一盆盆景吧。

◇1 准备花盆

1 参考第020页的内容，将垫片用园艺用铝线牢牢固定在花盆底部。

2 用筒铲将富士砂铺在花盆底部。

3 用筒铲在富士砂上面覆盖一层配好的盆景用土。

◇2 准备植物

1 抓住山红叶幼苗的根部，小心地从盆中取出。如果太过用力，会造成枝干或根部断裂，这一点敬请注意。

2 用圆筷等将缠绕在一起的根部解开，一边注意根须的状态，一边除去上面的旧土。外侧的侧根是植物为了更好地吸收水分而生长出来的，解开时可以稍微用力；内侧的主根是植物生长所必需的，解开时一定要格外小心。

3

左图为根部处理后的状态。如果根须太长，可能需要剪短。但如果是左图中这种状态，是可以完全收纳在花盆中的，所以可以就这样栽种。

3 种植植物

1 用圆筷或手指将植物的根须小心地放入花盆中，注意一定不要伤到根须。

2 先确定植物的干面，然后决定种植的位置。如上图所示，将山红叶的幼苗倾斜45°，可以表现出植物生长的走势，同时使盆景显得更稳定。

3 大致确定种植的位置后，一边用手固定住植物，一边用筒铲将土舀入花盆中，覆盖住植物的根须。

4 用圆筷小心地将土拨入植物根须的空隙中，确保植物的根须与花盆底部相垂直，且其间的空隙被土均匀填满。

5

将土填满后，在土表铺设苔藓，用喷雾器喷上少许水，再用工具将土表整理平整。如果是直径较小的花盆，也可不用工具，直接用手指平整土表。

4 铺设苔藓

1 根据要铺设苔藓的面积，准备好一片比这一尺寸大上一圈的苔藓。为了让苔藓更好地吸附在土表，可用手指适度除去老旧的部分。

2 将大块的苔藓分成中等大小的几块。

3 把苔藓均匀铺在植物的根部附近，用手轻轻按压。这样做可以使几块苔藓之间的接缝过渡自然，还可以起到固定植物的作用。

4 将露出花盆边缘的苔藓用圆筷压回花盆中，由于苔藓具有较强的伸缩性，铺设时只要稍微用力按压在土表就可以了。

5

露出的缝隙也要用小块的苔藓填满。铺设苔藓的要诀在于，与其用很多块小块的苔藓，不如直接用一大块苔藓比较漂亮。

6

苔藓铺设完毕后，用喷雾器喷上足够的水。

完成

制作组合盆景

通过组合植物体会盆景的乐趣

　　将各种各样的植物种植在一个花盆中，首先要决定的是担任"主角"的植物。此外，为了让不同植物相互协调，选择植物的时候要注意搭配的平衡。

　　例如，这款盆景的主角是山胡椒的幼

◎材料

这里使用的植物是山胡椒和西别越橘，制作了具有京都庭园风情的盆景。

✂ 植物

粗叶白发苔

西别越橘的幼苗

山胡椒的幼苗

❖ 化妆砂

花盆底部铺石
鞍马砂

⬡ 花盆

斗笠碗
（直径约20厘米，高约8厘米）

⬡ 土

花盆底部铺石
富士砂（中粒）

盆景用土配比
赤玉土：富士砂：酮土＝3：1：1

苗，由于枝干细长瘦高，容易给人单薄和孤立的感觉。因此，在下面种植西别越橘的幼苗作为点缀，很好地平衡了盆景的画面感。

除了注意植物高矮的平衡，如果能够利用落叶植物、常绿植物、观叶植物、观花植物的不同个性巧妙地组合搭配，则盆景一年四季的景观都会发生变化，可以享受各式各样的美景。

组合盆景通常使用较大的花盆，因此也需要注意化妆砂和苔藓的搭配。组合盆景使用的植物的类型、数量和配置都有一定的法则，请参考第057页的"图解制作盆景的艺术法则"，尽情享受组合盆景的乐趣吧。

1 准备花盆

1　参考第027页的内容，将垫片用园艺铝线牢牢固定在花盆底部。

2　用筒铲将富士砂铺在花盆底部。

3　用筒铲在富士砂上面覆盖一层配好的盆景用土。

2 准备植物

1　将山胡椒的幼苗从盆中取出，用圆筷一点点地解开根须，并除去旧土。然后用镊子挑去夹在根须中的杂草。

2　解开根须之后，可以将根须浸泡在水中，用手指轻柔地搓洗。这样做可以清除旧土，也便于植物更好地适应新土。根据植物的具体情况，有时候也可进行分株。

3 西别越橘幼苗的根须非常纤细，所以最好从一开始就将根部浸泡在水中，用手指轻柔搓洗的同时解开缠绕在一起的根须。

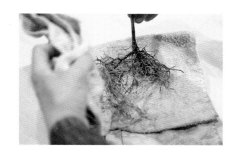

4 清洗之后，用毛巾轻轻按压，吸取根须上的水分。

3 种植植物

1 在将山胡椒的幼苗种植到花盆中之前，首先要确定作为主角的植物。通常来说，将较大的幼苗作为主角，更容易使画面平衡。

2 在确定主角的位置之后，将苔藓的根部扎在一起，铺设在主角的根部。为了让山胡椒幼苗的枝干微微向前倾斜，可以将其栽种在花盆靠左的位置。

3 一边用手扶住山胡椒的幼苗，一边将土放入花盆中，用圆筷把土拨入根部的间隙中。反复进行以上操作，最后将露出的根部用圆筷埋入土中。

4

将根部全部埋入土中，确保没有露出土面。在铺设苔藓之前，用铲子将土面整平，再用喷雾器喷湿。这样做的话，之后铺设苔藓就会比较容易。

铺设苔藓

1 用手抓住苔藓，向四周摊开，把苔藓摊平到易于栽种的厚度。

2 用手聚拢西别越橘的枝干，围着根部铺设一圈苔藓。

3 用圆筷把栽种好的苔藓压实，这样做可以有效固定苔藓，使其更易成活。

4 用同样的手法，在主角背面和花盆的空隙中也铺设上苔藓。灵活运用苔藓会为盆景增色不少，使盆景更接近自然的景色。

⑤ 铺设化妆砂

1　用筒铲将化妆砂（鞍马砂）倒入花盆中。

2　如果土壤中含水分过多，就会影响化妆砂的平整，这种情况下可以稍微多倒入一些化妆砂。

3
一边用喷雾器喷水，一边用工具将化妆砂整平。如果不喷水的话，化妆砂容易黏在工具上。为了防止喷水时化妆砂从花盆中溢出，铺设化妆砂后砂面与花盆边缘的距离最好在2厘米以上。

完成

制作盆景③

制作苔盆景

以苔藓为主角的风景

苔藓是我们日常生活中随处可见的植物之一，在盆景中可以担任多种角色。

苔藓那抹幽幽的青绿色，可以让人联想起日本三大审美之一的"侘寂"。对日本人来说，苔藓代表了"漫长的时间"。在墙角、路边默默生长着的苔藓，营造着悠久的景色，诉说着怀古之情。

作为景观的构成要素之一，苔藓在盆景中的作用也很重要，它可以用来表现绿意蔓延的草原、连绵起伏的山陵以及荒无人烟的小岛等。善用苔藓，可以使景色产生强烈的纵深感，层次分明而富于变化。

此外，苔藓在植物的培育中也起着功能性的作用。生长在山林中的苔藓，为保持土壤中的水分做出了贡献。这在盆景中也是一样的，铺设苔藓可以防止花盆中的土壤干燥。

◎材料

在这盆盆景中，我们以大果山胡椒为主角，而铺设其上的粗叶白发苔也十分突出，营造出了海中孤岛般的景观。

大果山胡椒的幼苗

 植物

粗叶白发苔

 化妆砂

富士砂
（颗粒极小）

花盆

漆器
（边长约40厘米）

 土

室内盆景用土
日本SERAMIS牌室内园艺用土

酮土球用土配比
赤玉土：富士砂：酮土＝1：1：3

1 准备花盆

1 这盆盆景使用无底孔的漆器作为花盆，为了防止植物的根部腐烂，需在花盆底部铺上厚约1厘米的室内盆景用土。

2 加入室内盆景用土后，用手轻轻理平。

2 准备植物

1 将大果山胡椒幼苗的枯叶剪掉，置于一旁备用。

2 用圆筷轻轻地将缠在一起的根部分开，除去上面的旧土。

3 将根部浸入盆中清洗，这一步也是为了除去旧土。

4 清洗完毕后，放在干毛巾上，轻轻按压，吸走水分。

⓷ 种植植物

1 决定主角的位置，在确定干面的前提下尝试各种搭配和朝向。这盆盆景使用了3棵大果山胡椒的幼苗，并未将它们排成一列，而是排成了三角形。

2 决定了栽种位置以后，用手抓取一把酮土球用土，小心地覆盖住植物的根部。

3 要确保土能够均匀嵌入植物的根须之间，做成一个酮土球，力求将植物的根部全部包裹起来。

4 大致整理一下酮土球的形状。

5 将根部包裹好的植物放入花盆，确定好位置后，慢慢将室内盆景用土撒到周围固定住，直至花盆的八分满左右。

6 将土壤表面整理平整。

7 主角栽种好之后，按照构图，像做手工般用酮土球用土做出岛屿的样子。

8 把"岛屿"的位置摆放好。为了之后顺利铺设苔藓，可以用手指轻轻将"岛屿"表面整平。

4 铺设苔藓

1
将苔藓轻轻铺设在"岛屿"的表面上，只需稍微按压至不会脱落即可。大约1周后，苔藓即可成活。

2
注意，并不是一定要按照岛屿的形状来铺设苔藓，也要考虑主角植物未来的生长情况，保证盆景的平衡性。

⑤ 铺设化妆砂

在土壤表面均匀铺设化妆砂（富士砂），一边用喷雾器喷水，一边用耙子将化妆砂表面整理平整。

完成

制作盆景④

制作苔玉盆景

◎ 材料

这盆盆景是将楝的幼苗栽种在苔玉（指苔藓球）上，并在其上铺设粗叶白发苔。

🌱 植物

楝的幼苗

粗叶白发苔

⬡ 土

酮土球用土配比
赤玉土：富士砂：酮土＝1:1:3

质感圆润柔软的盆景

苔玉盆景圆圆的可爱形状，加上苔藓的柔软质感，治愈着人们的心灵。"苔玉"也叫"草玉"，最早是由栽种植物时"洗根"这一步骤演变而来的。

长期栽种于花盆中的植物，根系发达，生长出的无数根须将土壤紧紧包裹起来，即使将植物从花盆中取出，土壤也不会散落，可以说根部起到了花盆的作用。这种情况下，可以不将植物的根部解开，也不清洗，直接维持这一状态，放在木板或陶盘上欣赏。但是，要想实现这种状态，需要将植物培育很长的时间，所以这是一种适合熟练者的手法。

而这样制作而成的苔玉盆景，无需花盆，可以在各种器皿上观赏植物的魅力。

苔玉盆景所用的苔藓有很多种。有的苔藓在室内培育容易变成茶色，所以需要放在能够保证一定阳光照射的室外；而有的苔藓不需要阳光，所以更适合放在室内培育。

苔玉盆景的制作方法有很多种，这里介绍的是把植物种植在酮土球上，在上面铺设苔藓，然后用线固定的方法。

完成的苔玉可以放在平稳的器皿上。时间久了，苔藓就会成活，慢慢生长，将线遮盖住，形成一个美丽的苔藓球。

① 准备植物

用圆筷将楝的幼苗根部轻轻解开，再浸在水盆中轻柔洗净，除去上面的旧土。清洗完毕之后，用干毛巾轻轻按压，吸走水分。

② 栽种

1　将酮土球用土掺水，揉成直径3厘米左右的球形，放入根须中，用根须包裹并固定住。

2　一点一点往根须上添加掺了水的酮土球用土，用手指轻轻按压，使土和根须紧密结合在一起。

3　用手掌轻柔地滚动，将酮土球用土逐渐搓成一颗球形，使球形的大小与植物的高度相协调。

3 铺设苔藓

1　在栽种好槭的幼苗的酮土球上铺设苔藓。用手指捏取少许苔藓，薄薄地一层层地铺在酮土球上，这样就能轻松地做出漂亮的苔藓球。

2　在酮土球上均匀粘上苔藓后，用握饭团的手法整理成球形。

3　为了防止苔藓脱落，可以用深色的线（这里选用的是黑色棉线）缠绕固定。这样一来可以固定住苔藓，二来可以防止酮土球溃散。

4　将苔藓球缠结至质地较硬后，将线的末端打上结，再用镊子或圆筷埋入土中。

完成

只需一点儿小窍门就可以更美观
制作盆景的要点

向上蔓延的枝条和看起来凌乱的枝条都要剪掉。

　　只需掌握一点儿小窍门，就可以制作出品种丰富的美丽盆景。在这里，我们将通过多种作品来解说盆景的制作要点。

要点1

通过修剪使植物更美观

修剪前

修剪前的金芽榆榉

修剪后

◎材料

🌱 植物
金芽榆榉的幼苗
粗叶白发苔

花盆
方形花盆

土
盆景用土　赤玉土：富士砂：酮土
　　　　　　＝3：1：1
铺底石　富士砂（中粒）

化妆砂
富士砂

　　植物是有生命的，一段时间疏于修剪的话，就会像人的头发那样自由地生长，因此需要定期修剪（关于修剪方法，可参考第112页）。修剪时通常要去掉枯萎或旁逸斜出的枝条，修剪后的植物形状会变得更加清晰，即使是幼苗，也能营造出成株的规模感。

　　这里我们要修剪的是用金芽榆榉幼苗制作的盆景，并为其更换新的花盆。修剪后的盆景，一改之前的凌乱，营造出大树悠然伫立在山丘上的美丽景观。

在景色盆景中，除了植物和化妆砂，有时还会运用石头来制作景色（关于石头的运用方法，请参考第074页）。通过运用石头，可以营造出山崖、溪谷、海岸等自然景观，甚至还可以让人联想到石庭的景色，可以说表现范围非常之广。

◎ 材料

❀ **植物**

木贼的幼苗
粗叶白发苔

⬡ **花盆**

方形花盆

⬢ **化妆砂**

矢作砂

⬡ **土**

盆景用土　赤玉土∶富士砂∶酮土
=3∶1∶1
铺底石　富士砂（中粒）
酮土球　赤玉土∶富士砂∶酮土
=1∶1∶3

要点2

有效运用石头营造景观

1 在花盆中放入铺底石和土，营造出山的景观，同时放入栽种了木贼的酮土球。

2 挑选石头的时候，首先要从各个角度观察石头，确定将石头的哪一面露出土表会最合适，再将石头埋入土中。

3 想象一下自然界的溪流，按照溪流的流向布置石头。适当选择大小不一的石头进行配置，以营造出纵深感。

4 布置好石头之后，再铺上代表植被的苔藓和代表河流的化妆砂（矢作砂），盆景就完成了。

区分植物的
大小和属性

这盆盆景使用了8种植物，仿佛把山中景色直接搬入了花盆之中。"这么多种植物能同时栽种在一个花盆里吗？""这样不会显得杂乱无章吗？"这样的担心其实完全没有必要。

如本书第036页中讲到的，盆景中使用的植物，除了高、中、低的不同高度，还可以选用草本植物或木本植物、观花植物或观果植物等。将多种不同的植物组合在一起，可以相互衬托，达成和谐的效果。

将多种植物栽种在一个花盆里的时候，可以将植物的根部捆在一起栽种，这样植物的造型会更紧凑，盆景的空间感也会更强。

将化妆砂（矢作砂）沿着花盆的边缘倒入，白砂能够强调植物边缘的曲线，表现出纵深感。

◎材料

❀ 植物

野鸭椿、山红叶、南天烛、秋牡丹、细梗溲疏、越橘、七灶花楸、金芽榆榉

⬡ 花盆

斗笠盆

✲ 土

盆景用土 赤玉土：富士砂：酮土
＝3：1：1

铺底石 富士砂（中粒）

▦ 化妆砂

富士砂

要点4

迷你盆景也能表现出壮阔景色

边长3厘米的方形拇指盆，只有掌心大小，栽种上黄栌的幼苗，就做成了一盒可爱的"迷你盆景"。整个世界仿佛浓缩到这小小的花盆之中，变成可以一手托起的美丽景色。

准备好黄栌的幼苗，用土包裹住根部做成酮土球，以大小刚好能放入拇指盆为准。由于拇指盆保水性不强，所以配土时要选择保水性高的配方。在花盆中铺上铺底石（中粒赤玉土）后，放入栽好植物的酮土球，再铺上苔藓，这个迷你盆景就完成了。

做好的迷你盆景可以放在桌子或台子的边缘，起到点缀空间的作用。

◎材料

🌱 植物幼苗

粗叶白发苔

🪴 花盆

刺猬花盆

⬡ 土

土球用土 赤玉土：富士砂：酮土
=1:1:3

室内盆景用土 日本SERAMIS牌
室内园艺用土

苔盆景要做得可爱，关键在于突出苔藓的柔软感。铺设苔藓时，如果有露出花盆边缘的部分，可以用手指或圆筷按入花盆中，就能整理平整。

◎材料

✂ 植物

黄栌的幼苗
粗叶白发苔

🪴 花盆

迷你花盆

⬡ 土

土球用土
赤玉土：富士砂：酮土
=1:1:3

铺底石 赤玉土（中粒）

花盆越小，可盛放的土量就越少，土就越容易干燥。因此，需要选择保水性强的酮土来栽种植物。

要点5

造型花盆1
刺猬花盆

在"品品"的商品中，最受欢迎的是这种刺猬造型的花盆，它可以充分展现出苔藓温暖、柔软、可爱的感觉。通常在盆景中担任配角的苔藓，其实本身也是非常有趣的植物，试着培育一盆苔盆景也是很有意思的。

因为这种刺猬花盆没有底孔，所以需要在盆底铺上一层室内盆景用土，再在上面放入酮土球。制作酮土球的时候，要比预想的尺寸小一圈，这样最后铺上苔藓的时候，就正好是预想的尺寸了。

除了这种刺猬花盆，"品品"店中还出售猫咪、乌龟等动物造型的花盆（请参考第100页）。

造型花盆2
用玻璃花盆来表现 "和" 与 "洋"

一般来说，透过玻璃器皿可以看见里面的东西，所以不太适合作为盆景的花盆使用。但是，这里使用的玻璃花盆采用了特殊工艺，从外面看不到内部的土，并突出了玻璃特有的凉爽感。

这个玻璃花盆可以表达 "和" 与 "洋" 的风格。"和盆景"（下左）是日本盆景传统主题的松树盆景，简单而爽朗；"洋盆景"（下右）是大果山胡椒和富贵草的组合盆景，活泼而华丽。即使是同一个花盆，根据植物和栽种方式的不同，也会给人完全不同的感觉。

◎材料

✿ 植物
"和盆景"　●赤松、粗叶白发苔
"洋盆景"　●大果山胡椒、富贵草、
　　　　　　粗叶白发苔

⬡ 花盆
玻璃矮脚盆

⬡ 土
盆景用土　赤玉土:富士砂:酮土
　　　　　　=3:1:1
铺底石　富士砂（中粒）

⬡ 化妆砂
鞍马砂（仅用于 "和盆景"）

〈 图解制作盆景的艺术法则 〉

制作盆景时，首先要考虑植物的种类，

花盆的空间设计也是一大思考重点。

初学者可能会认为很难，

不过，按照下文介绍的基本艺术法则，

就能制作出美观的盆景了。

法则 01

景色盆景是自然风景中剪裁的一角

　　盆景，特别是景色盆景，可将自然景色在花盆中立体地表现出来。在山丘、溪流、湖水、森林等众多自然景色中，我们可以选择最美的一幅画面，收入花盆中欣赏。用小型材料来表现广阔的美景，可以说是景色盆景的精髓所在。一盆好的盆景，不仅能将美丽的景色装入花盆中，更能使人感受到景色的扩展，联想到无限的风光。

这一盆盆景表现了在山丘和断崖上顽强生长的松柏。

法则 02

要点是 "统一" "安定" "和谐" "变化"

　　请观察图中的两盆盆景，您觉得哪一盆更美观呢？盆景鉴赏的学问非常深，但是，初学者看了之后可能也能判断出下面哪盆盆景更美观。不过，为什么那盆盆景看起来更美呢？初学者也许会回答 "形状很好" "看起来很像真实的自然景色" "有空间延展的感觉" "看上去很协调" 等。其实，下面那盆盆景之所以更美观，是因为制作者掌握了 "统一" "安定" "和谐" "变化" 四个要点。在制作盆景的时候，掌握这四个要点是成功的要诀。

　　如果是更有经验的盆景爱好者，还会从剪枝技巧、枝干花纹、倾斜角度、花盆外观、整体上带给人的感受等角度来分析盆景的优劣。

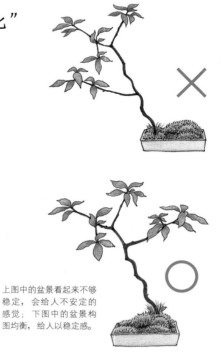

上图中的盆景看起来不够稳定，会给人不安定的感觉；下图中的盆景构图均衡，给人以稳定感。

法则 03

注意比例

在景色盆景的制作过程中，比例也是非常重要的一点。制作者除了需要思考"要营造什么样的景色""要将自然景观剪切成什么样的画面"，还要考虑"以什么样的比例剪切"。这一步就像通过镜头取景，适当地放大或缩小尺寸就可以了。例如，花盆中的植物较多的话，就可以营造出森林等茂密的景观；反之，植物较少的话，就可以营造出荒凉稀疏的景观。

根据想要营造的景观选择植物时，也要考虑到植物从幼苗长大后会是怎样的大小。时刻注意比例，制作出一盆完美盆景的成功率就会大大提高。

掌握好比例，远景和近景的感觉都能轻松营造出来。

要营造远景？

还是要营造近景？

法则 04

利用枯枝（或方便筷）、石头和沙子练习空间的构成

通常来说，第一次制作盆景的时候，很容易失败。将一棵植物种入土中也需要果断的勇气，如果因为没有构思好而将植物反复地栽种，也会对植物造成不良影响。

为了提高成功的概率，试着用花盆搭配枯枝（或方便筷）、石头和沙子进行练习吧。这些材料可以轻易获得，而且即使失败了也可以反复利用。通过尝试各种各样的布局，可以提高空间构成能力。另外，平时外出时也可用手机或数码相机拍摄自然景观，作为制作盆景时的参考。

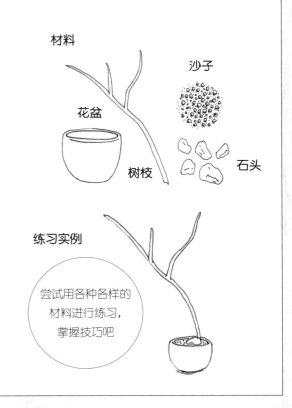

材料

沙子

花盆

树枝

石头

练习实例

尝试用各种各样的材料进行练习，掌握技巧吧

法则 05
盆景中的传统树形

每一棵木本植物都有自己的形状，不会有两棵一模一样的。木本植物的形状可能是在追寻着光生长的过程中自然形成的，也可能是为了用于制作盆景而人为造成的。

不同形状的木本植物有不同的特色和名称，如果能够记住的话，在制作或观赏盆景时会很有帮助吧。

直干

主干从根部笔直延伸出去的树形，多为冠幅较大的木本植物。

斜干

主干向左或向右倾斜的树形，多出自斜坡或风力强劲的地方。

双干

主干从根部开始即分成两枝的树形，两支彼此呼应，和谐统一。

蟠干

主干向前后左右弯曲的树形，也是大自然中最常见的树形。

文人

细长的主干弯弯曲曲地延伸着，且只有主干而没有分枝的树形，为江户时代的文人所喜爱。

株立

从根部生长出多支主干的树形，经常用于表现森林。

悬崖

主干或枝条从花盆垂下的树形，给人以树木生长于悬崖峭壁之上的感觉。

法则 06

制作"一本物"盆景，选一棵木本植物即可

在这里，我们将由一棵木本植物构成的盆景称为"一本物"盆景。制作"一本物"盆景，需要选择一棵合适的木本植物。形状和健康状态是重要的条件，叶子繁茂、枝干结实的为准。但只是结实也不够，生长走向的平衡性也非常重要。另外，有的木本植物在修剪后可能会死去，有的在修剪后则会更加健康。修剪的时候，一定要考虑到植物之后的发展。

每棵木本植物都有自己的形状，如果某棵有非常独特的形状，在制作盆景时可以灵活运用这一特征。例如，根部的形状很特别就可以在栽种时将这一部分露出来；又如，主干是倾斜生长的，那么栽种时最好按照自然倾斜的角度来栽种。

木本植物的倾斜角度可以看作其"动作"，倾斜幅度较大的可称为"动态木"，倾斜幅度较小的可称为"静态木"。动态木呈现的是走势和变化，静态木则呈现着稳定感。选择木本植物的时候，一定要考虑想制作的是动态的还是静态的盆景。

结构平衡的树形

叶子的多少、枝干的粗细都达成了较完美的平衡。

主干粗壮结实

主干粗壮的木本植物姿态挺拔，枝叶也很健康。

底部粗大，越到顶部越纤细

根部坚实而粗壮，越往上走枝干便越细，这是自然形成的形状，非常优美。

结构变化的树形

因独特的形状而具有很强的存在感。前文的"法则05"中的各种树形都可以应用于盆景。

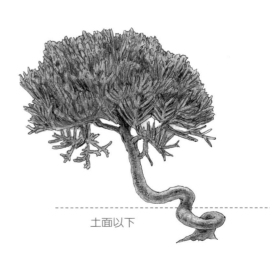

土面以下

盆景中可以表现的有趣部分

一旦发现形状有趣的树，就要灵活运用起来。有时候，土面以下也隐藏着有趣的形状。

法则 07
分辨木本植物的正面

木本植物有正面和背面之分。在花盆中栽种的时候，通常要将其正面设置为用于观赏的那一侧。人们通常认为，能够一眼看到茂密枝叶的那一面是正面，这其实是错误的。因为叶子、花朵和果实的美是季节性的，不能以此作为判断正面的标准。通常来说，叶子很茂密的那一面也叫作木本植物的"叶面"，叶面大多都是其背面。而大多数情况下，木本植物的正面都是"干面"。所谓"干面"，就是能够欣赏到主干的美的那一面，所以这才是正面。对于直干和斜干的木本植物，正面的辨别方法稍有不同，但相同的是，首先要找到主干前倾的那一侧，然后找到平衡、稳定的干面。

这里，让我们来尝试找出不同形状的木本植物的正面。

干面和叶面

主干线条看起来很美的那一面是干面，通常这也是木本植物的正面。叶子茂密的那一面则是其叶面。

干面：
主干看起来很美

叶面：
叶子非常繁茂

直干木本植物的正面

对于直干的木本植物，以主干线条优美、流畅的那一面为正面。

干　从根部到树梢的线条非常优美。

根　根系稳稳地扎在土中。

枝　从前面和侧面可以观赏主干。

正面
略微前倾

枝干略微倾斜的植物，从侧面看应稍向前倾才更加美观。

斜干木本植物的正面

大多数情况下以树干的倾斜度来判断。

枝　主干朝向前面或侧面更容易让人感受到深度。

干　从前倾面来看树干的线条非常优美。

根　根系结实。

前倾
正面

从侧面看，是略微前倾的。

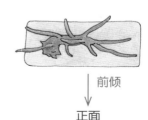

前倾
正面

从上方看，可以看到树干的内部。

法则 08
辨清主干的走向

每一棵木本植物都有自己的生长走向。根据阳光、风、土壤等环境因素的不同，每棵木本植物的走向都各有不同。也就是通常所说的"枝干倾斜"。要想在盆景中美观地呈现出自然景观，和判断"正面"一样，把握主干的走向也是非常重要的一点。只有辨清木本植物的"正面"和走向，才能更好地进行盆景的设计。

下面，我们来看看每种树形的走向。

直干植物的走向

直干植物的主干笔直地向上伸展，所以这种树形的走向是向上的，长而牢固的枝给人恢宏大气之感。

主干的走向

斜干植物的走向

对于斜干植物的树形，枝干倾斜的方向就是其走向。

主干的走向

蟠干植物的走向

蟠干植物有着像蛇一般盘旋扭曲的树形。这种树形的走向，就是弯曲部位朝向的方向。

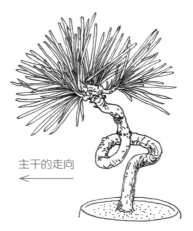

主干的走向

法则09
要根据植物和花盆的形状来营造空间

在花盆中栽种植物的时候，最重要的是要让观赏者能够看到植物的"正面"。在此基础上，寻求"由植物和花盆共同构成的稳定空间"是盆景布局之基本。如上文所述，植物有各种各样的形状，花盆也有各种各样的形状，因此，应如何根据植物和花盆的形状来营造稳定的空间就变得重要起来。在这里，我们将植物和花盆根据形状分为"动"和"静"两组，用各种组合来尝试搭配的相容性吧。

和植物一样，我们也可以把花盆根据形状分为"动"和"静"两种，将造型稳定的花盆视为"静态的花盆"，将造型活泼的花盆视为"动态的花盆"。花盆的动与静是花盆的重心所在，而花盆的重心又是栽种植物时重要的参考指标。所以，制作盆景时首先要辨清花盆的重心。

植物与花盆、动与静的相容性

选择植物和花盆的时候，"动"与"静"组合的相容性可按下表进行最基本的考量。下表中标有"◎"的组合是相容性最高的，但是标有"△"的组合如果搭配得当，也能创造出美丽的盆景。

	静态的植物	动态的植物
静态的花盆	◎	○
动态的花盆	△	◎

如何判断花盆的重心?

一般来说，圆形花盆的圆心就是重心，四角形花盆的中心点就是重心。如果是造型复杂的花盆，平衡点就是重心。

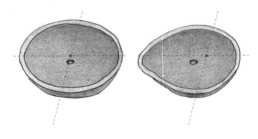

静态的花盆

圆形和四角形的花盆通常被视为静态的花盆。尤其是圆形的花盆，给人非常稳定的感觉。

动态的花盆

造型独特的花盆，通常被视为动态的花盆。

法则 10

静态的花盆搭配静态的植物：
请将植物栽种于花盆的正中

　　将主干笔直的植物种植在花盆的正中央，这种组合看起来是非常稳定的。静态的花盆和静态的植物是非常适合的搭配，堪称"静中之静"，是最稳定的构图方式。

静态的植物搭配静态的花盆，是最稳定的盆景组合。如果使用圆形花盆，会使稳定感更强。

右图为俯视示意图。可见，应在作为花盆重心的圆心处栽种植物。

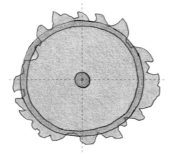

法则 11

静态的植物搭配动态的花盆：
请将植物栽种于花盆的重心处

　　将静态的植物种植在动态的花盆的重心处，这种组合可称为"动中有静"。不过，以静态的植物搭配动态的花盆，这种组合有点难度，建议初学者避开为好。

静态的植物搭配动态的花盆时，需要把植物栽种在花盆的重心处以求得稳定。注意不要过分强调花盆的存在。

右图为俯视示意图。可见，应将植物栽种在花盆的重心处。对于造型不规则的花盆，要找到重心可能有点困难。

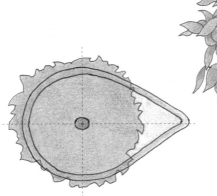

法则 *12*

动态的植物搭配静态的花盆：根据植物的生长方向构筑空间

在静态的花盆里栽种动态的植物时，如果栽种在花盆的中心处，空间就会出现偏重感，导致盆景缺乏稳定性。建议根据植物的生长走向来构筑盆景的空间，使盆景具有强烈的纵深感。

这里，我们分别用树的直干、斜干的例子具体来看。

直干植物的纵深感

即使是直干植物，根据枝条的倾斜和柔韧度，也能判断出主干生长的走向。在将这样的植物栽种进花盆时，要考虑到其主干走向，以求得盆景的稳定。

①从正面看，枝的生长方向就是主干的走向，所以这棵植物的走向是向右的。

②将植物放置于花盆中，考虑一下布局。

③这棵植物的走向是向右的，所以需要将植物右边留得宽敞一些，左右两侧面积比例以3:7为最佳。3:7是黄金比，4:6的比例会让人感觉不退不进，而2:8甚至1:9的比例就太极端了。

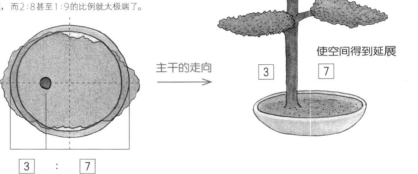

主干的走向

3 : 7

主干的走向

使空间得到延展

3   7

斜干植物的栽种方式

只要栽种得宜，倾斜生长的植物也可以稳稳扎根，形成一盆美丽的盆景。

①从正面看，这棵植物的主干向右倾斜，所以右方就是这棵树的生长走向。

②首先确认花盆的中心。

③按3:7的面积比例划分花盆中植物左右的空间。

④为了拓展空间，栽种时可将植物的位置稍稍错后一些。

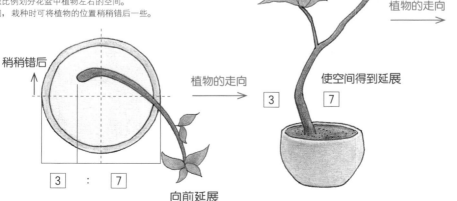

稍稍错后

3 : 7

向前延展

植物的走向

使空间得到延展

3   7

植物的走向

法则 13

动态的植物搭配动态的花盆：
植物的走向要和花盆的走向相一致

动态的植物和动态的花盆的组合，可称为"动中之动"，这也是一种常见的组合。将气势磅礴的植物栽种在造型生动的花盆中，就能创造出更具气势、更有活力的盆景。这样组合时，要注意使树的生长走向和花盆的走向相一致，这样才能凸显盆景的气势。走向不一致的话，会导致盆景看起来不稳定，所以要尽量避免。

将植物的走向和花盆的走向相一致，让盆景看起来更有活力。

植物的走向

使空间得到延展

花盆的走向

右图为俯视示意图。可见，植物茂盛的部分位于花盆的走向上，营造出了稳定感。

法则 14

制作组合盆景要选择多种植物

由多种植物组成的盆景叫作组合盆景。单独栽种时并不起眼的植物，组合在一起往往会形成美丽的景色。多种植物组合在一起，可以取长补短，发挥出各自的优点，创造出一盆很棒的盆景。所以，在选择组合盆景的植物时，无须考虑统一，尽量选择大小高矮不一的植物，来创造一盆独特的盆景吧。

例如，可以试着这样来考虑：

□想制作清爽的盆景
→请选择同种植物。
□想制作和谐的盆景
→请选择直干、斜干参差有致的植物。
□想制作有变化的盆景
→请选择大小和走向各不相同的植物。

法则 *15*

要明确想从盆景中获得何种乐趣

在选择植物的时候，首先要明确自己想从这盆盆景中获得何种乐趣。虽然制法和技巧也非常重要，但盆景最重要的是 "欣赏"。是想欣赏某个时节还是一年四季的景色？是想欣赏春日的花朵还是秋天的红叶？组合盆景可以让人享受到各种各样的乐趣。植物的品种不同，最美丽的时期和形态也不同。明确自己想要获得的乐趣，选择最适合的植物吧。

例如，想要这样享受盆景的话……

□ 想享受某个时节的景色
→可以栽种春日可以观赏花朵的樱花，也可以栽种夏季可以观赏绿叶的榉树。
□ 想享受一年四季的景色
→可以将越橘和山红叶组合栽种，这样春天可以观赏花朵，秋天可以观赏红叶。
□ 想享受花朵、果实和红叶
→可以栽种小真弓这类带有花朵和果实的植物。

法则 *16*

可将生长环境相似但科属不同的植物组合在一起

举例来说，喜欢湿润的植物和喜欢干燥的植物不可能在同一环境下生存。要制作一盆组合盆景并达到最佳效果，选择生长环境相似的植物栽种在一起，管理起来会比较容易。浇水和施肥的时候也可以依照相同的标准，非常方便。另外，建议选择不同科属的植物组合栽种。因为同一科属的植物需要的养分往往相同，植物之间就会互相争抢养分。如果是不同科属的植物，需要的养分也会不同，所以各种植物能够各取所需，正常生长。

推荐的组合

□ 较高植物＋较矮植物
→ "枞树＋山红叶" "虾夷松＋苔藓"，这些都是大自然中常见的组合。生长环境相似且高低错落，可以取长补短。
□ 观叶植物＋观花植物
→这种组合除了富于观赏价值，还便于管理。

需要注意的组合

□ 生长过快的植物
→有些植物在生长季节会长得很快，甚至达到与主角植物相同的高度，所以要注意及时修剪。
□ 含有高山植物的组合
→高山植物是指能够在林线以上的高山生存的植物，如兰花、樱草等。这类植物栽种在花盆中虽然也很美，但是要注意其生长环境一旦改变，是否适应原本的组合方式。

法则 17

植物的棵数应选择奇数

在制作组合盆景的时候，建议选择3棵、5棵、7棵、9棵或11棵植物，使用奇数棵植物是制作组合盆景的基本原则。因为使用奇数棵植物时，盆景的景色会产生扩展感和延伸感，会让人感受到景色的变化；如果使用偶数棵植物，会让人产生空间断裂感，盆景的景色也会在狭小的空间内结束。当然，也有例外，比如由两棵植物构成的盆景，根据大小和远近，设置好主从关系的话，也会非常优美。如果想制作放在桌面上观赏的组合盆景，通常来说选择两三棵植物就可以了。

3棵植物的组合

由奇数棵植物构成的盆景，仿佛直接截取了大自然景色中的一角移至花盆中，让人仿佛可以感受到花盆之外延伸的景色。

4棵植物的组合

左右完全对称的西洋式构图，空间被整齐地划分成数个格子，让人感受不到景色的延伸。

法则 18

组合盆景要有主角

组合盆景，是集合多种植物而成的盆景。如果选择的所有植物都各有特色或过于平庸，就无法制成美观的组合盆景。为了避免这种情况，在挑选植物的时候，要分清主角和配角，注意平衡。

在盆景中作为主角的植物可叫作"主木"，作为配角的植物叫作"添物"。主木是盆景中的主要植物，所以通常应选择枝干比较粗大的植物。布局的时候，也应从主木开始配置，之后再点缀上添物。

主木

添物

选择一棵主木，以苔藓作为点缀的添物装饰在主木根部，起到了很好的衔接效果。

法则 *19*

木本植物与草皮的组合，平衡是重点

将木本植物与草皮组合栽种时，考虑高矮平衡是最重要的。主木是木本植物，添物是苔藓制成的草皮，这种组合可以凸显树木的高大和寂寞感。

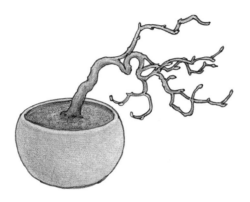

虽然这种树形很有特色，但这样光秃秃地栽种在花盆中，就显得很寂寞。

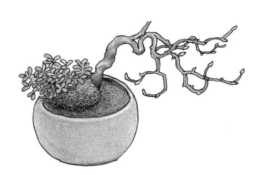

通过添加苔藓，不但可以增加盆景的华丽感，更重要的是取得了整体的平衡。

法则 *20*

让以草本植物为中心的盆景更华丽

草本植物不像木本植物那样有着粗壮结实的枝干，但是茎和叶形状各异，各具魅力。以草本植物为中心制作组合盆景的时候，需要考虑各种植物在花盆中的相互制约和平衡，制作出一盆华丽感十足的盆景。

选择草本植物时，需要考虑植物是观花的还是观叶的，是向上爬藤的还是在地面上伸展的。关于布局，可以参考法则23中提到的不等边三角形的规则，构思出最合适的布局。如果植物华丽感十足，选择朴素一些的花盆就可以了。另外，即使栽种的草本植物比较茂密，也不宜选择过大的花盆。

这盆盆景表现出了田野一角花草繁茂生长的样子。

法则 21

明确一组木本植物的方向

栽种多棵木本植物和栽种一棵时的法则基本相同，需要先判断正面和走向，也要考虑与花盆走向的搭配。组合盆景中的木本植物往往有好几棵，所以需要把它们看作一片"树丛"来考虑。所谓"树丛"的生长走向，

是以主木的走向为依据来判断的，其他的木本植物都要根据主木的走向进行调整。调整"树丛"的方向，可以使整个盆景的气势及纵深感产生变化。

直干植物

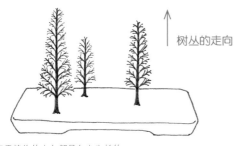

直干植物的走向都是向上生长的，
上方就是"树丛"的走向

斜干植物

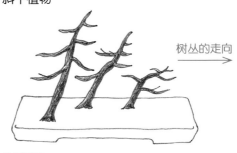

树丛的走向
树丛向右方倾斜生长

法则 22

将大、小木本植物相结合，营造纵深感

想要景色有纵深感，就要巧妙组合大的和小的木本植物。制作盆景的时候，可以将大的设置在花盆的前方，小的设置在花盆的后方。因为当人身处自然环境中，附近的树看起来很大，远处的树看起来很小。这样的布

局就是为了模拟出这种感觉，是非常有用的表现纵深感的技巧。相反，如果把大的设置在花盆后方的话，空间感就会被破坏，使人感觉不到景色的延展，请务必注意。

将大的木本植物设置在花盆的前方

将大的木本植物设置在花盆的前方。

将小的木本植物设置在花盆的前方

将大的木本植物设置在花盆的后方，不但营造不出纵深感，空间也会被切断。

法则 23
不等边三角形的布局

在栽种多棵植物的时候，按照不等边三角形进行布局是一个很有用的技巧。但是，并不是说只要按照不等边三角形进行布局就可以了。从正面看，从侧面看，都不要把几棵植物设置在同一条线上，才是最重要的。不等边三角形的布局可以表现出稳定且富于变化的景色，也可以很好地表现出深度和广度。

不等边三角形的布局方法

①首先考虑主木的位置，要注意正面和走向。
②再考虑作为添物的两棵植物，无须过分拘泥于正面，但是一定要做到"从正面看，从侧面看，几棵植物都没有处在同一条线上"，将3棵植物按照不等边三角形布局进行配置。
③这样的组合可以在植物与花盆之间取得平衡。栽种的时候需注意植物不要过于靠近花盆的边缘，以增强盆景的空间感。

"树丛"的走向：使拓展空间得到延展 ⟶

添物1　添物2
主木

"树丛"的走向与空间感

制作一本物盆景时，只要注意植物的走向与花盆走向相一致就可以了。而对于组合盆景，则要注意"树丛"走向与花盆走向相一致。这样的话，可以增强盆景的空间感，让观赏者的感觉更加平衡稳定。

不等边三角形的布局是最平衡的基本布局，新手可以从这种布局入门

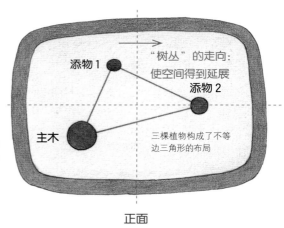
添物1
"树丛"的走向：使空间得到延展
添物2
主木
三棵植物构成了不等边三角形的布局

正面

布局示例

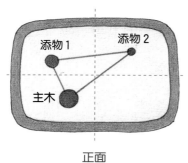
添物1　添物2
主木

正面

将主木设置在花盆的前方，这样做出的不等边三角形布局可以表现出纵深感，构图非常平衡。

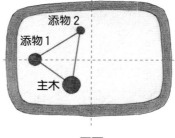
添物2
添物1
主木

正面

将三棵植物都配置在花盆的左侧，右侧留白，给人以空间的延伸感。根据需要，之后也可以在后侧添加植物。

法则 24

运用斜干植物时，每一棵的走向均需朝向外侧

将斜干植物组合栽种时，因为每棵的生长走向都不同，所以必须细致考虑各棵植物的倾斜角度与走向。

要点有3个：植物之间不要交叉；注意作为添物的植物与主木的平衡；使根部靠近，枝干远离。这样栽种，可以表现出木本植物为寻求阳光而努力生长的样子，与大自然中生长的树木非常接近。

植物之间不要交叉

注意不要交叉种植，枝干交叉的情形在大自然中比较少见。

注意作为添物的植物与主木的平衡

栽种主木时要注意辨清正面，但是栽种作为点缀的树时不用拘泥于正面，而是要以与主木取得平衡为首要条件。

使根部靠近，枝干远离

几棵植物的根部可以靠近，但是从主干的中部开始就应各自朝向不同的方向，这样各自延伸的姿态是最美丽、最自然的。在栽种之前，可以稍微转动主干，观察其倾斜的角度和生长的走向，做出调整。

如果使倾斜、延伸的方向相一致

盆景中的"树丛"，如果倾斜和延伸的方向都一致的话，看起来就会像被强风吹过一样。为了使盆景看起来更自然，就要在栽种之前考虑好上述三个要点。

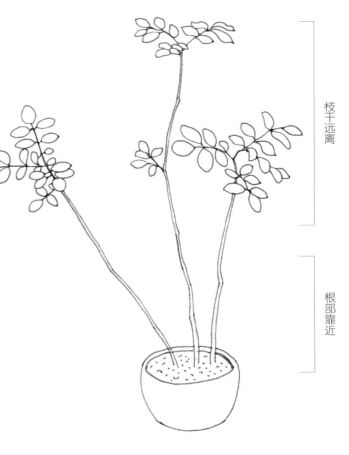

枝干远离

根部靠近

法则 25

选择有特色的石头

在盆景中，石头可以表现出岩山、断崖、溪流等景色，演绎出强势、严峻、悠然等气氛。巧妙使用石头，利用石头的天然颜色和形状营造各种各样的自然景观，也是一种乐趣。

选择石头的时候，要尽量选择有特色的。灵活运用石头的颜色、凹凸，可以营造出各种自然美景，让人无限拓展想象的空间。

配置奇数块石头

配置石头的时候，块数应该为1、3、5、7、9……奇数是准则。石头的块数需与盆景中木本植物的棵数一样，这样做是为了让景色更有延展性。虽然说奇数是准则，但是2这个数量是特例，配置两块石头是可以的。如果配置两块以上的石头，数量需是与树的棵数一致的奇数。

选择颜色、形状相近的石头

一般来说，同一地区出产的石头属于同一种类，在盆景中使用同一种类的石头，景色就会整合起来，更具完整性。另外，也要注意石头的形状，不要将圆形的和带有尖角的石头混杂在一起。还要适当选择大中小块的石头，这样会给空间增加弹性。日本景色盆景中经常用到的石头有揖斐川石、安倍川石、秩父石、秋川石及丹波石等。

法则 26

辨清石头的正面和走向

石头也有正面和走向之分。所谓正面，就是石头最美丽或者最有特色的那一面。配置石头之前可以先将其拿在手里转来转去地观察一下，把最美丽或者最有特色的那面当作正面。比如有一面看起来像是孤峰或者溪流，就正好可以利用起来。至于外观有缺陷的那一面，埋入土里就可以了。确定好正面之后，从正面看，石头上的纹理延伸的方向就是石头的走向了。通过改变石头放置的角度，也可以改变石头的走向。另外，配置时，石头的方向需与木本植物的方向相一致。

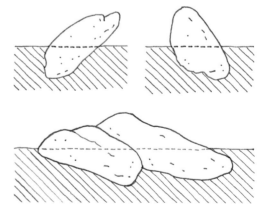

只需把想观赏的部分露在土面以上，有缺陷的部分可以埋入土中。可以随意改变石头的角度和方向。

法则 *27*

石头与植物要协调

配置石头的时候，首先要考虑与植物的协调性，这样才能使整个盆景的空间稳定。石头通常应放置于木本植物的根部，注意石头的走向要与树的走向相一致。

调整木本植物与石头的走向

要以木本植物的走向为准，使石头的走向与木本植物相一致。

石头上的纹理要与枝干上的纹理方向一致

石头上的纹理如果与枝干上的纹理方向一致，就会产生和谐感，盆景的空间也会显得更加清爽。如果需要调节石头的高度，可以在石头的下面垫土。

将石头放置于木本植物的根部

在木本植物的根部配置石头，可以使布局更加平衡、稳定，还能增强盆景的稳定感。

树的走向

树与石头的纹理朝同一方向徐徐伸展

石头的走向

法则 *28*

配置多块石头

在配置多块石头的时候，并不是随着自己的喜好随便配置就行了。和栽种植物一样，石头的配置也存在着法则。

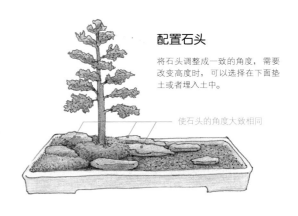

配置石头

将石头调整成一致的角度，需要改变高度时，可以选择在下面垫土或者埋入土中。

使石头的角度大致相同

不等边三角形

石头的走向

布局或不等边三角形

首先放置最主要的那块石头，然后配合那块石头，再放置第二块、第三块，使三块石头构成一个不等边三角形。

使石头的走向相一致

盆景中的石头最好保持同一走向，这样做可防止盆景的空间给人以混乱感。

法则 29
在花盆后方放置小石头以表现出纵深感

将大石头放置在花盆前方，小石头放置在后方，可以表现出纵深感。实际景色中，远处的东西看起来较小，近处的东西看起来较大，利用这种视觉效果，将小块的石头放置在花盆的后方，可使盆景产生纵深感。相反，如果将大块的石头放置在花盆的后方，空间将会被切断，一定要注意。

将小石头放置于花盆后方

将大石头放置于花盆前方，小石头放置于后方，可以产生纵深感。

将大石头放置于花盆后方

如果将大石头放置于花盆后方，空间会被截断，没有纵深感。

法则 30
铺设苔藓的面积和位置

景色盆景中，苔藓是非常重要的要素，可以表现出平原、草地、丘陵等景观，营造出安稳祥和的气氛。但是，铺设苔藓并不是简单地栽种在花盆里即可，重点是要按照盆景所要表现的感觉进行铺设。

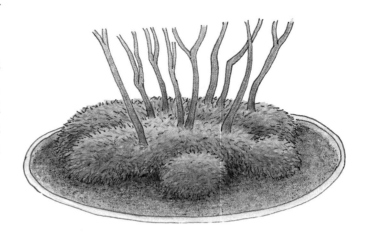

将苔藓铺设在木本植物根部是基本原则

将苔藓铺设在木本植物的根部，是铺设苔藓的基本原则。将一团苔藓轻轻撕开，一块一块地围着根部栽种，苔藓成活后就会长成一个个球形，自然地包围住根部。铺设苔藓时，可以将健康漂亮的苔藓铺设在醒目的位置，状态不佳的铺设在木本植物的背面。

苔藓的面积应为土面的三成或七成

铺设苔藓的面积，应覆盖住土面的三成或七成。以此为基准铺设苔藓，可以让盆景的空间更具稳定感。没有铺设苔藓的地方，可以铺上一些化妆砂，营造出模糊的远景效果。

法则 *31*

在盆景中巧妙运用苔藓的质感

　　景色盆景中常用的苔藓是细叶白发苔和粗叶白发苔，细细的绒毛和圆圆的形状看起来非常可爱。苔藓的细毛有大有小，形状各异，把这些灵活运用到盆景中，可以营造出各种各样的景色。苔藓在盆景中的基本作用，有表现自然景色、平衡盆景空间、使盆景景色产生延伸感等。

苔藓的走势要从根部向外延展

仔细观察苔藓，会发现其生长也是有走势的。在盆景中，木本植物是主角，所以要使苔藓的走势由木本植物根部向外延伸。而在以"山"为主角的盆景中，苔藓要做成从"山顶"流向"山脚"的样子。

享受苔藓的凹凸不平

一般来说，苔藓的形状多是中央隆起的，也有少数是中央凹陷的。铺设盆景时，可以充分利用苔藓的凹凸，营造出有起有伏，富于变化的景色。

制作一座小岛

如果花盆较大，可以在花盆的留白处铺设一小团苔藓，就像一座小岛。这样可以使人联想到海或湖中的小岛，抑或是丘陵。而观赏者的视线也会在看见这座小岛时停留，使花盆边缘的景色不致结束得太过突兀。

苔藓边缘的曲线（弧线）可以营造空间的延伸感

苔藓圆形的边缘，可以使盆景中的景色有向外延续的感觉。铺设苔藓的时候，不用刻意考虑花盆的边缘，这样铺设会让人感受到景色的延伸。

法则 *32*

用化妆砂来演绎氛围

化妆砂也是盆景中的要素之一，可以营造出山、海、庭园等自然景色，演绎出季节感和各种氛围。

化妆砂的种类很多，制作的时候可以根据想要制作的景色和气氛来选择。选用化妆砂的颜色和质感不同，盆景的气氛也会有很大的变化。平时可以按照季节的更替更换化妆砂，享受四季的乐趣。

鞍马砂可以演绎出优雅的氛围。

御影石可以演绎出清静寂寞的氛围。

那智黑可以演绎出高级感。

法则 *33*

利用化妆砂的颗粒大小表现纵深感

化妆砂的颗粒有大有小，一般来说可以根据花盆的大小选择化妆砂，为大的花盆选择大粒的，小的花盆选择小粒的。

在掌握了上述基本准则后，也可以尝试在大花盆中使用小粒化妆砂，以改变纵深感，营造出更为广阔的景色。

使用极小粒的富士砂，可以扩展取景的范围，让木本植物看起来更大，景色更加壮阔。

使用中粒的富士砂，可以缩小取景的范围，让树看起来较小，使观赏者的视线聚焦在近处的景色上。

花草图鉴赏析

春天的一抹新绿、
夏天的艳丽花朵、秋天的甘美果实……
随着四季流转，各种花草展现出不同的魅力。
这里，我们将为您介绍景色盆景中常用的花草。

常绿植物

常绿植物，是指全年保持叶片不凋落的植物。用松树、柏树等常绿植物制作的松柏盆景，自古以来就深受人们喜爱。在各式盆景中，松柏盆景通常用来营造现代感的景观，由于四季常绿，推荐给那些希望全年都能观赏到绿叶的人们。

五叶松

日本具有代表性的五叶树种，松属，每5枚针叶簇生为一束。与其他种类的松相比，五叶松更具体积感，给人以庄严、豪华的印象，同黑松一样通常用于装饰玄关。

黑松

松属，灰黑色的树皮和深绿色的针叶令人联想起男性，所以在日本又有"男松"之称。黑松的枝干遒劲有力，在日本特别适合在正月装饰玄关。

赤松

松属，树龄较小的赤松皮呈红褐色，比较柔软，树龄大的赤松皮则龟裂成龟甲状。叶子是柔和的黄绿色，令人联想起女性，所以在日本又有"女松"之称。

真柏

松属，常用作于盆景植物。其枝干柔软，因而易于塑形。具有良好的耐寒性和耐阴性。

八房虾夷松

松属，作为日本北海道的代表树木，常常被日本人认为是代表日本北部地区的树木。由于针叶生长得非常密集，用于制作盆景会十分美观。

杜松

刺柏属，为盆景常用植物之一。叶子摸起来又硬又尖，枝干会随着干燥逐渐弯曲，存在感极强。

圆柏

圆柏属，盆景常用植物之一。无论制作日式盆景还是西式盆景都很适合，在西方常用于充当圣诞树。春季至夏季是生长期，叶子会变得非常茂密。

金明竹

禾本科，竹子的一种。枝干和叶子上的黄色条纹很美，整体呈明亮的金黄色，在日本经常被用于制作正月盆景。除此之外，因为竹子给人以凉爽的感觉，所以也多用于制作夏季摆放的盆景。

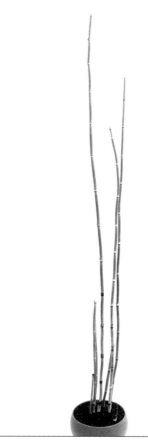

马醉木

杜鹃花科，花期为3—4月。花朵呈吊钟状，散发着迷人的香气。叶子在夏季呈美丽的嫩红色，适于制作优雅的盆景。

木贼

木贼科，枝干表面有锯齿，所以又称为"锉草"。常被用于制作刷子。由于看起来和竹子相近，常用于制作日本的正月盆景或竹林盆景。一年四季都可观赏。

南天烛

杜鹃花科，自古以来就受到日本人民的
喜爱。由于有着驱除邪祟、祈祷长寿的
吉祥寓意，常被用于制作正月盆景。秋
季到冬季会结出红色的果实，观赏期为
每年11月至翌年2月。

小熊笹

禾本科，熊笹中植株最小的一种。冬
季叶子边缘会枯萎，就像镶上了一圈白
边，观赏起来十分美丽。在日本常用于
制作正月盆景。可以通过扦插繁殖。

多福南天烛

杜鹃花科，叶子的颜色非常鲜艳，冬季
也可观赏，常用于制作圣诞节盆景和日
本的正月盆景。叶子比南天烛的大且茂
盛，适合制作组合盆景。观赏期为每年
11月至翌年2月。

铁线蕨

铁线藤科，叶子看起来像孔雀的翅膀，
因而又名孔雀蕨。其茎叶茂密优美，可
用于点缀各类盆景。在春夏季能够营造
出柔美的氛围。

光蜡树

木樨科，是一种颜色艳丽的小叶植物。
生长迅速，抗寒性强，据说叶子还有促
进伤口愈合的功效。

姬石楠花

蔷薇科，叶子浓密，花呈白色或粉色，花期为4—5月。

姬石菖

芋科，小叶多年生草本植物。因为易于栽种和繁殖，被广泛用于各类盆景的装饰，也可以营造出草原般的景色。

白斑玉龙草

百合科，叶子上有纵向分布的白色斑纹，别名银龙。具有极佳的耐踩踏性，广泛用于各类盆景的装饰。

五叶黄连

毛茛科，花朵为白色，呈梅花状，因此又名梅花黄连。常用于各类盆景的装饰，花期为2—3月。

越橘

杜鹃花科，花朵为白色或粉色，果实为红色或蓝色。喜光，耐寒，花期为6—7月。

玉龙草

百合科，单叶，丛生。抗寒能力强，在背阴处也能茁壮成长。对保持水土有着优良效用，通常通过分株进行繁殖。

落叶植物

叶子于寒凉季节掉落的植物为落叶植物。从抽芽、长叶、落叶到落叶后的枯枝，是可以让人品味四季风情的植物。在盆景中多用于表现"树丛"的效果，也可以用于充当组合盆景中的主木。

枫

槭树科，景色盆景中常见的植物。叶子由绿到红的变化很美，叶落后的枝干也别有一番趣味，一年四季均可观赏。枫的红叶观赏期为10—11月。

榉

榆科，春有新绿，秋有红叶，四季都可观赏。因为生长速度很快，所以培育起来让人很有成就感。榉的红叶观赏期为11月左右。

橡树

壳斗科，是世界上最大的开花植物。春季至夏季开花，秋季结果即橡子。花朵的观赏期为4—5月，果实的观赏期为11月。

粉花绣线菊

蔷薇科，如名所示花朵呈粉红色，阳光充足时开花量大。因其花繁叶茂，颇具栽种价值。观赏期为5—7月。

屋久岛升麻

毛茛科，多年生草本植物。夏季会开出白色的小花，排列紧密如焰火一般。常用于表现柔美的盆景景观。其红叶之美也值得品鉴。花朵的观赏期为7—9月。

赤四手

桦木科，日本东京都武藏野市的代表植物，虽生长于都市之中，却给人以山野的情致。叶子呈锯齿状，秋季会变红，非常美丽。赤四手的红叶观察期为10—11月。

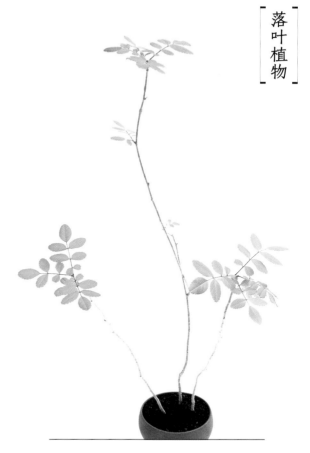

七灶花楸

蔷薇科，枝叶富含水分，据说即使放入炉灶七次也不会燃烧起来，因此而得名。其花朵为白色，果实呈球形，红叶也很美，随四季变化明显。其花朵的观赏期为5—7月，果实的观赏期为11月。

出猩猩

槭树科，枫的变异品种。叶子形状优美，呈燃烧一般的火红色。由于春天之后叶子就逐渐变为红色，作为盆景用植物很受欢迎。适合春赏新绿，秋赏红叶。

黄栌

漆树科，又名红叶、红叶黄栌，是重要的红叶观赏树种。其特征为叶子集中在树的上半部，给人一种现代感。黄栌的红叶观赏期为10—11月。

榔榆

榆科，又名小叶榆，枝叶繁茂、叶子小而光润是其魅力所在。由于生长力旺盛，初学者可用来练习修剪。榔榆的红叶观赏期为10—11月。

紫茎

山茶科，特点是枝条细长，枝形优美。叶子并不繁茂，通常没有修剪的必要。到了秋天叶子会变黄。适合表现清爽感。可以在10—11月观赏。

鸡爪槭

槭树科。萌芽的春季、绿叶的夏季、红叶的秋季以及只余枝干的冬季，都各有一番观赏情趣，是一年四季都可欣赏的植物。鸡爪槭的红叶观赏期是10—11月。

楝

楝科，属落叶乔木，特征是枝叶水平生长。叶子集中在树梢的部分，给人一种现代感。叶子的鲜绿色非常美丽。花朵的观赏期为5月。

山胡椒

樟科，栽种在盆景中会让人联想起山中的野树。秋天叶子会变成黄褐色，冬季叶子也不会完全脱落，是很漂亮的越冬植物。花朵的观赏期是4—5月。

山毛榉

山毛榉科，叶子小而厚，是盆景中的常见植物。其枝干优美，常用于制作组合盆景。叶子落尽后的枝干欣赏起来也别有一番趣味。红叶的观赏期是10—11月。

观花植物

以观赏花朵为主要价值的植物称为观花植物。美丽的花朵，给生活增添了各种色彩。由于花朵的变化在短时间内就可看出，推荐初次接触盆景的人从栽种观花植物入手。在购买观花植物时，可以选择带有花蕾的，这样很快就可以享受到开花的乐趣。

寒菊

菊科，在甚少能看到花朵的冬季开花。黄色的小花看起来非常可爱，也能让人想到即将到来的春天，可制作成迎春盆景。花朵的观赏期为12月至翌年1月。

水莲木

椴树科，四季均可开花，花朵形似睡莲，到了夜晚会闭合。叶子呈椭圆形，浓绿而富有光泽。水莲木喜欢潮湿的环境，不耐寒。花朵的观赏期为6—7月。

屈曲花

十字花科，春季会开出带有黄色花蕊、白色花瓣的可爱小花。通过分株可以繁殖很多，最适合当作盆景中的添物。花朵的观赏期为3—6月。

虎耳草

虎耳草科，因叶片与荷叶相似，又名石荷叶。常用于盆景中的添物，叶子白绿相间，清新之外不失华丽。花朵的观赏期为5—7月。

大吴风草

菊科，小而圆的叶子非常可爱，显得生机勃勃。花期较长，横跨秋冬两季，多用于秋冬盆景中的添物。

野蔷薇

蔷薇科，一到初夏就可以享受到开花的乐趣。带有斑纹的叶子显得很华丽。其适应性强，容易繁殖，是极佳的盆景植物。花朵的观赏期为5—7月。

桃雪柳

蔷薇科，因叶子细如柳叶而得名。花蕾开始绽放时的粉红色非常美丽，整体就像花束一般。栽种在花盆中，会为盆景增添华丽的感觉。花朵的观赏期为3—4月。

南芥

十字花科，茎叶细长，有的品种还带斑点，风格十分华丽。单纯观赏叶子也是一种享受。花朵的观赏期为4—5月。

紫薇

千屈菜科，又名紫兰花、百日红等，夏天开花，花期较长，干枯的藤蔓呈粉红色。花朵的观赏期为7—8月。

皱皮木瓜

蔷薇科，在冬、春、夏三季开直径3厘米左右的小花。在盆景中多用于观赏花朵。粗大结实的枝干给人以稳重感。花朵的观赏期为2—4月。

雅蔷薇

蔷薇科，枝条延伸的线条很美，是花和果都可观赏的植物。花朵的观赏期为5—7月。

深山龙胆

龙胆科，是盆景中代表秋色的常用植物。紫色的花朵很美，且花期较长。由于是多年生草本植物，只要保留根部，第二年也能继续生长。花朵的观赏期为9—12月。

观果植物

观果植物多以秋冬两季为观赏期。当周围的草木凋零，颜色鲜艳的果实便十分惹人喜爱。当看到精心栽培的盆景结出果实，那一瞬间的高兴心情是无与伦比的。需要注意的是，观果植物有雌雄之分，雄株是不会结出果实的。

石楠

蔷薇科，细枝，叶片呈椭圆形，可以观赏花和果实。花朵呈白色，数量较多，果实成熟后呈有光泽的深红色。花朵的观赏期为4—5月，果实的观赏期为10—11月。

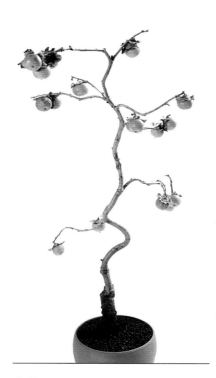

山柿

柿树科，秋天结出橙色的果实，让人能够想起乡村的景色，勾起心中的思乡情怀。果实的观赏期为10—11月。

红紫檀

豆科，春天开出淡红色的花，秋天结出深红色的果实，是既可观花又可观果的植物。枝叶茂密，生命力强，非常适合制作盆景。果实的观赏期为10—11月。

老鸦柿

柿树科，常见的盆景观果植物。果实呈橙色，小而尖，让人联想到丰收的秋天。老鸦柿雌雄异株，选择时需要注意。果实的观赏期为10—11月。

日本紫珠

马鞭草科，又名紫式部，结出的果实呈优雅的紫色。春夏两季为生长期，需要及时修剪，以控制树形。果实的观赏期为9—12月。

紫金牛

紫金牛科，又名朱鞠，盆景中常用的观果植物。无论是作为主木还是添物，都能够起到很好的效果。常用于制作圣诞节和日本的正月盆景。果实的观赏期为10月至翌年1月。

雁皮

瑞香科，树皮坚硬，是日本用来制纸的重要原料。春天可以观花，冬天可以观果。果实的观赏期为10—11月。

苔藓植物

在盆景中铺设苔藓，可以使土面变得整洁、美丽。苔藓可以表现丘陵、岛屿、草原等景色，是非常重要的盆景要素。除了观赏价值，苔藓还可以保持盆景中土壤的水分。苔藓的种类很多，其中也有会对植物产生不良影响的，但本书中介绍的苔藓都没有这方面的问题，可以安心使用。

银叶真藓

多在路边、石墙下、混凝土缝隙中生长。水分干涸后，在日光的反射下呈银白色，非常美丽。

粗叶白发苔

一种常见的山苔藓。对环境的适应性良好，所以室内、室外的盆景中都可以使用。和桧叶白发藓相似，但绒毛比较长，颜色发白。

砂苔

短枝不规则地伸展开来。失去水分后叶子会闭合变成笔状，水分充足时叶子展开，呈鲜绿色。

短绒藓

与银叶真藓相似，但绒毛更为细腻，像天鹅绒一般，美丽而富有高级感。

桧叶白发藓

一种常见的山苔藓。自然生长时会形成如地垫般的群落，叶子茂密而美丽。水分充足的时候呈深绿色，缺少水分的时候会变成白色，就像老人的白发，因此得名"白发藓"。

〈 以花盆赋予盆景更多魅力 〉

花盆是决定盆景景观氛围的重要因素之一。

室内陈设则是展现盆景魅力的重要舞台，

巧妙运用布巾、盆景台等室内陈设，

可以让盆景展现出不同的风情。

决定盆景外观的
各种花盆的魅力

　　花盆的形状不同，盆景呈现出的景色也会随之发生变化。一边思考着要创造出怎样的盆景世界，一边进行花盆的挑选，也是一项快乐的工作。本书在这里汇集了各式各样的花盆：和风的花盆、造型优雅的花盆、质朴的花盆、有些新奇的动物造型花盆……来切实体会不同花盆的乐趣所在吧！

1.鞍马花盆　2.鞍马花盆（变体）3.yure/设计：小泉诚；制作：能作　4.on/设计：小泉诚；制作：能作　5.yuragi/设计：小泉诚；制作：能作　6.tarumi/设计：小泉诚；制作：能作　7.黄铜圆形花盆　8.黄铜三角形花盆　9.黄铜四角形花盆　10.信乐四角形花盆（大）11.锡制四角形花盆/制作：能作

12.锡制三角形花盆/制作：能作 13.锡制四角形花盆/制作：能作 14.锡制圆形花盆/制作：能作 15.陶制浅底花盆/"品品"原创 16.陶制圆形花盆/"品品"原创 17.白色圆形花盆/"品品"原创 18.彩铜圆形花盆/制作：田中信彦 19.土耳其蓝圆形花盆/制作：田中信彦 20.土耳其蓝浅底花盆/制作：田中信彦 21.彩铜浅底花盆/制作：田中信彦 22.黄铜精加工花盆（A款）/制作：能作 23.黄铜精加工花盆（C款）/制作：能作 24.黄铜精加工花盆（B款）/制作：能作 25.黄铜精加工花盆（D款）/制作：能作 26.黄铜精加工花盆（E款）/制作：能作

27.刺猬花盆（小）/设计：青木有理子，制作：能作 28.刺猬花盆（大）/设计：青木有理子，制作：能作 29.树懒花盆/设计：青木有理子，制作：能作 30.绵羊花盆/设计：青木有理子，制作：能作 31.乌龟花盆/设计：青木有理子，制作：能作 32.猫咪花盆/设计：青木有理子，制作：能作 33.雏鸟花盆（锡制）/设计：青木有理子，制作：能作 34.雏鸟花盆（铜制）/设计：青木有理子，制作：能作 35.竖条纹花盆（蓝色）/制作：松野章弘 36.竖条纹花盆（绿色）/制作：松野章弘 37.竖条纹花盆（粉色）/制作：松野章弘 38.横条纹花盆（绿色）/制作：松野章弘

制作自己独有的花盆

在器皿的底部开一个渗水的孔，就可以作为花盆使用。如果是陶器的话，用市面上出售的电动打孔器就可以轻松打孔。用喜欢的杯子之类的器皿，制作一个自己独有的花盆吧！

制作花盆的器皿

尽量选择质地轻薄、易于打孔的器皿。陶器就是很好的选择。

电动打孔器

在市面上很便宜就可以买到，一般还备有替换的钻头。

喷雾器

在给器皿打孔时，器皿与电动打孔器的摩擦会大量生热。可用喷雾器进行降温。

1 将器皿底部朝上放置在毛巾上，选好打孔的位置，先用喷雾器将那里喷湿，就可以用电动打孔器打孔了。

2 一边用喷雾器喷湿需要打孔的位置，一边用电动打孔器打孔。这项作业进行5分钟左右就要停下休息一会儿，避免电动打孔器过热。

3 打出孔后，再小心地将孔扩大。如果是较大的器皿，孔也需要开得大一些。

4 用硅胶等材料在花盆底部做个垫脚。花盆装配了垫脚，排水性和通风性都会更佳。

5 最后，参考第020页的内容在花盆底部固定好垫片，就完成了。使用原创花盆制作盆景，一定会更有乐趣！

完成

让盆景展现更多魅力的舞台
室内陈设**的要点**

在室外培育、护理的盆景，当然也可以放到室内观赏。

将盆景用于室内装饰的时候，要特别注意室内陈设。这里所说的室内陈设，不仅仅指把盆景摆放在哪个位置，而是要考虑到招待来客、美化空间等方方面面的因素。而且盆景的摆放还不能妨碍室内其他物品的使用。所以说，在盆景的世界里，室内陈设是非常重要的元素。

设计时参考的因素和使用的素材是多种多样的，根据选择的不同，盆景所呈现出的风情也会不同。可以这么说，"室内陈设"就是能够让盆景展现更多魅力的舞台。

另外，在室内摆放盆景的话，要注意在花盆下面垫上盘子或布巾，这样可以保护家具免于浸水且不被划伤。

虽然在室内陈设的理念中，并没有"一定要这样做"或"一定不能那样做"这样的规定，这里只是举例来讲解一下设计中需要注意的要点。请好好享受"室内陈设"的乐趣吧。

◎形状

即使是同样质地的托盘，如果形状不同，也会使盆景呈现出不同的感觉。

四角形托盘

由于比三角形多一个角，形状显得更稳定。家具也多为四角形，所以搭配起来非常和谐，能够呈现出现代感。

圆形托盘

圆形给人以安定感，是百搭的形状。这样摆出的盆景给人以柔和、优雅的感觉。

三角形托盘

三个角分别指向三个不同方向，使盆景的存在感大大增强，强调了"力量"的感觉。这样的托盘适合在想强调盆景的时候使用。

◎ 材料

　　花盆下面可以垫上托盘或布巾，它们的材料有金属、陶瓷、布、木头等。材料的硬度、颜色不同，盆景的风格也会发生改变。即使材料相同，也可以尝试根据四季变换改变颜色，这也是生活中一种小小的乐趣。

陶制托盘

采用硬质材料的四角形托盘，搭配家具会显得颇具现代感。平坦的造型即使常常浇水也不会积水。

锡制托盘

锡制托盘银亮的颜色和质地让人有凉爽之感，所以推荐在夏季使用。另外，锡具有抑制细菌滋生的效果，即使积水也不容易烂根。

布巾

柔软的布巾可以为盆景营造柔美的氛围。布巾的颜色和花纹可以根据季节选择，夏天可以选择冷色系，冬天可以选择暖色系。根据四季变换选择不同的布巾也是一种乐趣。但是要注意的是，一定要在浇水之后待水不再流出再把盆景摆在布巾上面。

◎ 叠加

　　将小型物品和大型物品相叠加，可以突出存在感。使用细长的托盘或盆景台时，不要把花盆放在正中的位置，而是应该使花盆左右两边的空间比为7∶3。这样留白可以使画面看上去更加平衡。

锡制花盆+盆景台
（木料：棕色）

使用深色的盆景台，会给人庄重的感觉。图片中的深棕色盆景台强调了同色系树枝的走势，非常适合陈设在具有现代感的房间中。

锡制花盆+盆景台
（木料：原木色）

原木色的盆景台给人清爽的感觉，与以象牙色或米色为主色调的房间非常搭配。

◎ 并列

　　也可以在大型盆景台上并列摆几盆小型盆景。不仅可以摆同种类植物，像下图这样并列几盆不同植物也很有趣味。

锡制花盆+盆景台
（木料：原木色）

从左边起，以同等间隔摆放了山红叶、黄栌和枹栎。

锡制花盆+布巾

银白色的锡制花盆搭配蓝色的布巾，
这一组合营造出了凉爽的氛围，适合
运用于暑热的夏天。

新鞍马石+矢作砂+揖斐川石

在新鞍马石制成的花盆中铺设上矢作砂，在花盆中偏后的
位置放置揖斐川石，再在其周围种上苔藓，表现了乌龟在
苔藓丛生的水边爬行的样子。像这样把石或砂等与室内陈
设结合起来也很有趣。

锡制笼子

使用锡制的笼子作为花盆，锡虽然是金属，但是可以弯曲成柔软的线条，为盆景增色。

陶制迷你花盆+盆景台

将陶制迷你花盆等间隔的放置于盆景台上，小小的花盆很可爱，又富有节奏感。

盆景养护须知

为了使盆景保持美丽、健康,
适当的养护是必需的。
这里将为您介绍浇水、
施肥以及修剪时的必备基础知识。

浇水

浇水，顾名思义可以为植物补充水分，同时也可以将空气和养分通过水送入植物的根部。

通常来说，浇水这一环节需在土壤干燥时进行，浇水的频率因植物种类和季节而不同。要掌握浇水的时机，这并不单纯指一天几次或几天一次，而是要仔细观察盆景的状态，待土壤干燥时再浇水。每种植物需要的水量因品质不同而各异，所以购买盆景和植物的时候，请向店员询问浇水的时机以及适宜的温度等相关情况。

在春夏的生长期和秋天的休眠期，植物所需水量不同。特别是在夏季，要注意不要让盆景中的土壤太干燥。

浇水的基本原则是给予植物充分的水量，直至水从花盆的底孔流出。由于植物的根部在土中向四面八方延伸，所以浇水时要注意均匀给水。通常来说，没有必要特意往叶子上浇水，除非是为了去除叶子上的灰尘或污渍。如果在白天，尤其是在强烈的光照下浇水，叶子上残留的水珠可能会导致植物被晒伤。如果浇水时打湿了叶子，可以暂时将盆景挪到背阴的地方。

但土壤太过干燥，植物会消耗叶子里储存的水分，这对植物来说是很大的损害。缺水严重时还会对根部造成损害，这种损害通常是无法挽回的。

长嘴喷壶使用起来方便

大型喷壶一次可以装很多水，长嘴会使浇水更加便捷。

浇水的原则

浇水时，对于大型盆景可以使用喷壶，小型盆景则建议使用喷雾器。

浇水时要一次浇够，直到水从花盆的底孔流出为止。为了不弄脏房间，可在花盆底部垫上托盘，但注意不要让托盘里存水。浇水也可以在厨房或者户外进行，这样便不用担心弄湿地面。

关于浇水的Q&A

Q1 听说清晨浇水比较好，是这样吗？

A1 对植物来说，清晨是指日出的时候。日出时露水会落到叶子上，种植在户外的植物感觉到清晨来临，需要吸收水分了。现代人很难做到在日出时浇水，所以晚上下班后再浇水也没有关系。但是不管怎样，都不要等到土壤过于干燥才去浇水。

养在室内的植物也会通过空气中水分的变化来感受清晨的到来，使空气成分发生变化的多来自早起开门等人为活动，因此，不规律的生活节奏也会给植物带来不良的影响。

另外，即使在雨天，也不能保证植物一定能够吸收到足够的水分。所以，请根据植物的具体情况来判断要不要在雨天浇水。

Q2 土壤太过干燥，浇水也无法吸收怎么办？

A2 如果土壤太过干燥，浇水也不容易吸收。这时可以将花盆浸泡在装水的盆中，水位在花盆高度的一半至八分处即可，这样水就可以从花盆的底孔进入土壤。待表面的土壤也湿润了，就可以将花盆从水中取出。

Q3 听说过度浇水会导致植物根部腐烂，那么到底应该浇多少水呢？

A3 植物的根部发生腐烂，是因为水集中在花盆底部无法排出。本书中介绍的盆景，配土比例非常注重排水性，按照书中的配土比例种植盆景的话，可以充分为盆景补充水分而无须担心根部腐烂的问题。

Q4 用自来水浇水可以吗？

A4 自来水中的成分因地区而异，但是无论是哪里的自来水，都最好能够去除水中的碱和氯。理想的方式是将自来水接出后放置一天，水中的碱和氯就会挥发掉。平时可以多准备几个空瓶保存放置后的自来水备用。

Q5 长期外出的时候，该怎么办呢？

A5 如果外出时间在一周以内，可以把花盆浸泡在装水的盆中，水位在花盆高度的一半至八分高处，然后放置于室内背阴通风的地方。回家以后，将花盆从水中取出，充分浇水。此时不要急于挪到户外，可以先放置于窗边等环境接近户外的地方，待植物慢慢习惯之后再挪到户外。

如果外出时间超过一周，可以把盆景寄放在盆景店或园艺店内。"品品"就提供有偿的植物寄养服务。

施肥

与生长在户外的植物不同，盆景中的植物被限制在花盆这一相对封闭的环境之中，如果花盆中土壤的养分缺失，就会影响植物的生长。

肥料的成分主要有氮、磷、钾。氮可以促进叶子的生长，磷可以促进花朵和果实的生长，钾可以促进枝干和根的生长。适用于盆景的肥料，通常采用氮∶磷∶钾＝6∶10∶5的比例调配，其中磷的占比较高，这样的肥料可以使植物均衡生长。

需要注意的是，上述肥料的配方一旦比例失衡，就会给植物带来不良影响。例如，如果氮的含量过高，叶子的颜色虽然会变得鲜艳美丽，但植物会变得脆弱，对病虫害的抵抗力及抗风性也会变弱。如果钾的含量过高，就会阻碍土壤成分中氧化钙和镁的吸收，影响植物生长。由此可见，配比失衡的肥料不但没有效果，反而会影响植物的生长，所以施肥时需按照正确比例进行肥料的调配。

肥料可大致分为快速见效的"液体肥"，放置于土表、每次浇水都会释出成分并长期持续起效的"缓释肥"以及混入土中使用的"基肥"3种。施肥的时机因季节而异。

每年12月至翌年2月，植物会暂时停止生长，这时可以在土中拌入基肥，这样春季就可以看到成效了。液体肥适合在6月下旬使用，也可以在观花植物开花后作为补充养分之用。

实际上，施肥是有一定诀窍的，建议仔细阅读每种肥料的说明书，掌握施肥要点。人类通过食物获得养分，食物从吃到下到消化吸收需要一段时间，植物也是如此，需要持续施肥，才能使其更好地获得养分。

如果是较为脆弱的植物，可以适当添加"活力素"。活力素的主要成分是铁和植物原液，可以促进根和芽的生长，有利于养分的吸收。与肥料不同，活力素可以每天使用。如果是根部腐烂或受伤的植物，最好在栽种时就添加活力素。

此外，较弱的植物很难通过根部吸收养分，这时可以适当向叶子上喷洒液体肥，使植物通过叶子吸收养分。

肥料的种类和使用方法

液体肥 → 快速发挥效果

日本花宝液体肥

以6：10：5的比例混合植物所需的氮、磷、钾配制而成。需用水稀释后在花盆中使用。稀释会降低肥料浓度，所以需适当增加施肥次数，以保证肥料的效果。

缓释肥 → 效果长久持续

玉肥

古老的天然有机肥料，压制而成，具有使土壤增肥的效果。

基肥 → 混入土中使用

日本花宝基肥

大多数人会选择这款肥料用作追肥，但在"品品"，是将这款肥料混入土中作为基肥使用的。

活力素 → 给予植物活力

日本美能露植物活力素

与肥料不同，在促进植物的光合作用的同时还可以活化植物的各种信息素，促进植物生长。对脆弱、机能失调的植物有很好的养护作用。

液体肥

液体肥的主要特点是快速见效。但是，植物从肥料中吸收养分需要一定的时间，因此液体肥需要持续使用。最常见的方法是将液体肥按规定的比例加水稀释后用喷雾器均匀喷洒在土面，和浇水一样直至水从花盆底孔流出。如果是较弱的植物，很难通过根部吸收养分，可以将液体肥均匀喷洒在叶子上，以便植物通过叶子吸收养分。

缓释肥

只需放置于土壤表面，有效成分就可随每次浇水溶解在土壤中，效果可持续一两个月。缓释肥放置的位置通常是花盆的边缘处（如上图所示）。如果使用四角形花盆，也可放在四角，并使肥料的数量与花盆大小成正比。如果能够使用专门用于放置肥料的固定器，可以有效避免土壤表面的苔藓被肥料烧坏，非常方便（如下图所示）。

修剪

　　刚制作好的盆景会呈现出规整的形状，但随着时间的流逝，植物为了追寻阳光，会不断伸展枝条。放任不管的话，植物的叶子会变得茂密，枝条也会伸长，破坏原有的树形，降低盆景的美感。因此需要定期修剪多余的叶子和枝条。

　　修剪的要领因季节而异。在春夏的生长期，需要不断将多余的叶子和枝条剪掉，以保持树形的优美。在观叶植物迎来休眠期的秋冬，需要根据来年到计划观赏到的树形修剪干枯的枝条。

　　如果修剪失败，也无须担心，一段时间后还会生长出来。

　　定期修剪还可以起到维持植物健康的作用。如果放任枝条的生长，植物吸收的养分就会大多用来供给枝条生长。另外，如果主干被过长的分枝遮挡住，影响阳光的获取，也会导致植物变得脆弱。

　　所以，虽然有点儿可怜，但修剪对植物来说是必要的。

修枝剪刀的使用方法

修剪盆景需要用专门的修枝剪刀。如果是小型盆景，用小号的修枝剪刀就可以了。细枝用刀尖修剪，粗枝用刀根修剪。

修剪前　　　　　　　　　　　　　　　　　修剪后

修剪的要点

要点1
从上方的枝叶开始修剪

修剪时，要从最上方的枝叶入手。枝叶伸展表示植物健康，这固然不错，但放任不管就会破坏盆景的整体美感。可从枝条的根部大胆修剪至只余两三片叶子的程度，但这种修剪方法只适用于修剪最上面的枝叶。将最上方的枝叶修剪完毕后，植物枝条的整体生长走向就会变得清晰，接下来该如何修剪也会一目了然。

要点2
修剪掉过大的叶子

过大的叶子会使整棵植物看起来不平衡，所以需要修剪掉。修剪叶子的时候，要一片一片地用剪刀剪掉，不能用手揪，以免对植物造成伤害。

要点3
要注意观察枝条和叶子的生长方向

通常来说，如果枝叶从植物的中心向外生长，会给人自然的感觉。修剪虽然可以改变植物的形状，但也要注意枝叶的生长方向。另外，那些遮盖住主干的多余枝叶也是需要修剪的对象。

要点4
修剪掉枯萎的枝叶

随着修剪的进行，逐渐可以看到一些因被上方枝叶遮挡而枯萎的枝叶，这些也需要修剪掉。所以，修剪还能起到防止枝叶枯萎的作用。

病虫害的预防

植物有可能生病，也可能会感染寄生虫。感染病虫害的症状多种多样，很难确定原因，也很难准确地进行治疗。特别是小型盆景，病虫害对树形和植物生长会产生严重甚至致命的影响。所以，预防病虫害是非常重要的。

预防病虫害的第一步，是按照本书的讲解正确种植盆景，以增强植物的抵抗力。此外，如能搭配各种园艺药品，预防效果会大幅提升。在"品品"，会将杀菌剂和杀虫剂混入展着剂中喷洒。

本书仅介绍有代表性的病虫害及园艺药品，不同的病虫害对应的药品也不同，购买前请先咨询盆景店或园艺店的工作人员。

常见园艺药品

＊请仔细阅读说明书后正确使用。

杀虫剂

日本住友化学园艺杀虫剂

可以预防和驱除蚜虫等害虫。由于是内吸式药剂，容易浸透到植物内部，可以长期保持效果。

杀菌剂

日本曹达杀菌剂

对大多数植物的白粉病、黑星病有预防、治疗的效果。

展着剂

日本住友化学园艺展着剂

将园艺药品混入展着剂中喷洒，可以使药品更好地附着在植物上。

愈合剂

日本住友化学园艺愈合剂

在植物修剪后的切口上涂抹，可以避免其感染病菌。此外，还有促进伤口愈合的效果。

植物疾病对策

必须注意的植物常见疾病

盆景植物常见的疾病有白粉病、斑点病、黑星病、褐斑病等，这几种疾病都必须特别注意。

预防办法

这几种常见疾病，因植物品种的不同而表现形式各异，通常来说，定期喷洒杀菌剂类的药品就可以预防。市面上常见杀菌剂的使用方法一般是根据植物的类型，按照规定的比例将杀虫剂兑水稀释，然后用喷雾器喷洒。如果混入展着剂，药品会更容易附着在植物上，效果更佳。

喷洒杀虫剂要选择无风的阴天，在户外进行。喷洒时应尽量选择长嘴的喷雾器，操作时戴上塑胶手套。注意一定不要让药品沾到皮肤上，如果皮肤或衣服上沾到了药品，要马上用清水冲洗。另外还要戴上口罩，避免通过口鼻吸入药品。

对盆景进行修剪是必不可少的，但修剪后的切口很可能成为病菌侵入的途径。在切口处涂抹愈合剂，就可以有效避免植物感染病菌。

治疗方法

如果植物感染了疾病，可以喷洒杀菌剂，治疗效果不错。

褐斑病

不同植物的患病原因和症状各不相同，通常表现为叶子上出现褐色或黑色的斑点，最后叶子变黄、枯萎。患病的叶子会传染其他叶子，所以必须及时处理。5—7月及9—11月为褐斑病的高发期。

黑星病

不同植物的患病原因和症状各不相同，通常表现为叶子上出现圆形的黑色斑点，最后造成落叶。掉落的叶片堆积在花盆中会成为传染源，因此必须及时处理。市面上常见的杀菌剂一般可以应对大多数植物的黑星病。4—11月（特别是梅雨季）为黑星病的高发期。

斑点病

多表现为植物的叶子或茎上出现褐色的斑点。不同植物患病的原因各不相同，但通常来说多是由于雨水等积存在植物上引起的。如果不及时处理，斑点会逐渐扩大，叶子和茎也会随之扭曲枯萎。应将患病的叶子和茎立刻剪掉。温度高、湿度高的季节为斑点病的高发期。

白粉病

多表现为孢子被风吹来寄生在植物上繁殖菌丝，看起来像附着了白色的斑点。叶子表面被这种白斑遮盖，就无法进行光合作用，进而影响植物的生长。高温、干燥且细菌易繁殖的5—7月及9—10月为白粉病的高发期。

害虫对策

必须注意的几种害虫

盆景中容易出现的害虫有蚜虫、蚧壳虫、叶螨、蛞蝓等。

预防方法

以蚜虫为例，使用日本住友化学园艺杀虫剂可以有效杀灭蚜虫。可以将杀虫剂根据植物的种类按规定的稀释比例兑水稀释，装在喷雾剂中喷洒。

喷洒杀虫剂和喷洒杀菌剂一样，要在无风阴天的户外进行。应尽量使用长嘴喷雾器，戴上口罩和手套，避免药品从口鼻和皮肤进入身体。也可以在杀虫剂中混入展着剂，药品会更好地附着在植物上。

驱虫方法

市面上常见的各种杀虫剂对蚜虫、蚧壳虫和叶螨都有一定的效果，喷洒方法和注意事项请参考前文。

蛞蝓通常隐藏在花盆底部，可以定期查看，一旦发现就将其除去。

蛞蝓

蛞蝓为夜行性害虫，白天通常隐藏在花盆或花坛的阴影处，夜晚时出来采食植物的叶子、花朵和果实。蛞蝓全年都会出现，4—6月、9—10月会特别多，要注意时常查看花盆底部，及时处理。

叶螨

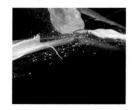

叶螨是螨虫的一种，一般寄生在植物的叶子上吸食汁液，造成的伤口会变成白色或褐色的斑点，阻碍植物的光合作用。叶螨大小不一，成虫的身长也只有0.3～0.5毫米，很难被发现。如果数量繁多，还会形成蜘蛛丝状的白丝缠绕在植物上。3—10月，特别是高温干燥的9月，是叶螨虫虫害的高发期。

蚧壳虫

蚧壳虫可以寄生在大部分植物上吸食汁液，阻碍植物生长甚至导致植物死亡，其排泄物还会引发煤污病。由于蚧壳虫的外表有一层硬壳，一般的杀虫剂很难生效，可以在不伤害植物的前提下用小刷子或牙签将其剔除。蚧壳虫的虫害一年四季都有可能发生。

蚜虫

蚜虫多寄生于植物的茎、叶、芽、花上吸食枝叶，阻碍植物生长。蚜虫将口针插入植物吸取汁液，这一方式也会造成病菌的感染。蚜虫种类繁多，大小颜色不一，多为暗褐色和淡绿色，身长2～4毫米。4—6月、9—10月是蚜虫虫害的高发期。

盆景的改造

随着时间的流逝，盆景也会发生变化。例如，寄生植物的种子随风落在盆景中生长起来，就会抢夺盆景中植物的养分，情况严重时还可能导致盆景中的植物死亡。又如，感染病虫害的枝叶，再生也是需要一定时间的。除此之外，枝叶的生长也会使盆景的整体感觉发生变化，冬天做好的造型到了夏天可能会变得完全不一样。除了因盆景的变化而进行调整，对盆景进行改造，也是调整心情、转换气氛的一种手段。

在想调整心情的时候，尝试对盆景进行改造吧。改造同时也是一种修护，换上新的土壤，植物会变得更加健康苗壮。根部平时埋在土中看不到，也可借此机会修整一下。

改造盆景和制作一盆新盆景的步骤基本一致。为了让修剪过的植物更好地扎根，可以在春天到来之前进行修剪根部的工作。不过，如果不在春天对根部进行修剪、去除等工作，冬天进行也可以。观花、观果的盆景，可以等花期、果期结束之后再进行改造。

改造前

山红叶和山苔的盆景

改造后

山红叶、白斑玉龙草、五叶黄连和
粗叶白发苔的盆景

◎ 改造盆景的顺序

这里以山红叶和山苔组成的盆景为例进行改造，在山红叶旁边栽种上白斑玉龙草和五叶黄连，并在花盆的土壤表面铺上粗叶白发苔。

材料

植物

五叶黄连

白斑玉龙草

粗叶白发苔

土

盆景用土配比
赤玉土：富士砂：酮土
=3：1：1

铺底石
富士砂（中粒）

化妆砂

鞍马砂

1　剪掉枯萎的树枝。枯枝的颜色与健康枝条的颜色不同，一碰就会轻易折断。

2　将花盆中寄生的杂草去除。

3　将原有的山苔剥除。

4　将植物从花盆中取出，小心地去除根部的土。一定要仔细观察根部的状态，剪掉腐烂的旧根。

5　按照第038—041页中制作组合盆景的顺序，在山红叶周围栽种上白斑玉龙草和五叶黄连，再在土壤表面铺上粗叶白发苔。

6　最后铺上鞍马砂，盆景的改造就完成了。

盆景的养护日历

盆景是有生命的，因此一年四季都需要保养。不论是适宜栽种或翻盆的春季，对植物来说，环境严苛的夏季，能够欣赏到果实和红叶的秋季，还是可以调整盆景整体形状的冬季，每个季节都有不同的养护方法。

本书根据日本关东地区的气候总结了盆景的养护日历。不过，养护的内容根据植物类型也会有所不同。例如，生长在海边的草本植物，适应了积存有各种丰富养分的土壤环境，因此种植在盆景中后也需要定期施肥；而生长在养分匮乏的山地的植物，则不需要那么多肥料。

又如，10—12月是松柏类植物一年中最有活力的时节，新叶子在这段时期中长出嫩芽，翌年1月正好可以欣赏到松柏最美的样子。夏季松柏类植物的叶子会长大，所以需要适当修剪，另外老叶也需要剪掉，这样秋冬时才能长出漂亮的新叶。

1月

1月是一年之中养护工作最少的时候。需要做的工作只是除去盆景中的杂草、更换破损的花盆、为长大的植物更换更大的花盆等。另外还可以翻阅园艺书籍，考虑春季想要种植的植物种类。1—3月，最好不要把盆景挪到户外。

2月

草本植物在秋季会枯萎，但并不是死去，所以可以不用急于剪掉枯叶，维持原状可以保护植物的根部不受冬季严寒的侵袭。待到2月下旬，最冷的时期基本已经过去了，这时候可以将枯叶从植物上剪掉，便于新芽生长。2月下旬到4月是适宜栽种植物的时期，所以分株需要在植物休眠的时期进行。

3月

春天到了，植物开始冒出嫩芽，此时是非常适宜栽种的。新长出的叶子为了追寻阳光会不断生长，破坏盆景的整体造型，因此需要及时修剪。植物一旦脱离休眠期，就会大量吸收水分，冬季每周浇一次水或3天浇一次水就够了，春季则需要每天浇水。此时是植物的生长期，要特别注意水分的补给，不要让植物枯萎。

4月

4月也是植物的生长期，充足的阳光可以促进根部的发育，因此请尽量将盆景放在阳光充足的地方。但如果放任植物不断生长，会破坏盆景的美感，所以及时修剪是很重要的。这一时期也适宜在盆景中种植苔藓。

5月

5月是很多观花植物的花期，因此这段时期要注意让盆景接受充足的阳光照射，注意通风，避免湿热的环境，在花期结束后要好好施肥，为植物补充开花消耗的养分。这段时期也是叶子和茎的最佳生长期，选择肥料的时候要注意选择促进叶子和茎生长的配方。需要注意的是，害虫多会在这一时期开始出现，所以也要注意预防病虫害。

6月

进入梅雨季，植物不会被阳光晒伤，进入了安全的生长期。但梅雨季会引发霉菌类的疾病，阳光照射不足也会影响植物生长，因此也要注意盆景的养护。另外，虽说梅雨季雨水充足，但并不意味着无须浇水，还是需要根据植物的具体情况定期浇水。

7月

由于天气炎热，植物的叶子容易变黄，这一时期可以适当给予液体肥，使叶子保持绿色，且尽量不要进行栽种和换盆的工作。另外，由于温度升高，需要早晚各浇一次水，特别是在傍晚，可以适当在叶子上喷洒一点水以帮助植物降温。此外，7月是水草的最佳生长期，适宜栽种各类水草。

8月

8月的养护要点是注意浇水。由于气温较高，白天浇水会导致叶子被晒伤，所以应尽量在清晨或傍晚进行这项工作。如果有因缺水或缺肥而枯黄的植物，可以暂时挪到背阴的地方休养一段时间。这一时期的植物最需要水分，但也要注意适当添加液体肥。另外，这一时期严禁进行翻盆和栽种的工作。

9月

进入9月，就可以栽种和翻盆了。但如果此时残暑未消，最好先不要进行这些工作。如能将这一时期的养护工作做好，翌年春季盆景就会长得更加旺盛。另外，可以将夏季放在背阴处休养的植物挪到阳光充足的地方，这样秋天就会结出健康的果实。这一时期还要注意好好施肥。

10月

10月延续了9月的好天气，依然是适宜栽种和翻盆的时期。栽种和翻盆后的植物在度过服盆期之后，要给予充足的阳光，以促进根部的生长。观花植物如果结束了花期，一定不要忘记施肥，这样才能补充开花所消耗的养分。另外，植物的枝条在这一时期已基本停止生长，这时候可以考虑一下翌年需要的盆景整体造型，适当用铁丝之类的工具给植物定型。

11月

日本关东地区进入红叶的观赏期。早晚温差越大，红叶的颜色就越漂亮。红叶类植物抗寒能力很强，所以可以安心放置于户外，让植物好好感受这一季节。落下的叶子对于生长在自然中的植物来说是养分的来源，但盆景不用落叶提供养分，清除干净即可。盆景开始落叶的时候，也可以观察一下有无多余的枝条需要修剪。

12月

下霜的日子变多了，需要把盆景挪到室内或有屋檐的地方，避免霜打。因为根部进入休眠期，这一时期可以安心对植物进行分株，不用担心伤害根部。如果植物上还留有果实，则需注意及时给予肥料。

〈 美丽可爱的景色盆景世界 〉

下文将为您介绍，本书作者小林健二先生制作的
各种美丽的景色盆景。
盆景展现的自然景色，
让人叹为观止。

本书中刊登的盆景成品，均可在"品品"购买（部分非卖品除外）。
不过，盆景是有生命的，植物造型会因季节而有所变化，购买前请与
"品品"的工作人员确认。价格会因市场因素等发生波动，故仅供参
考。（"品品"的店铺信息请参见第013页）

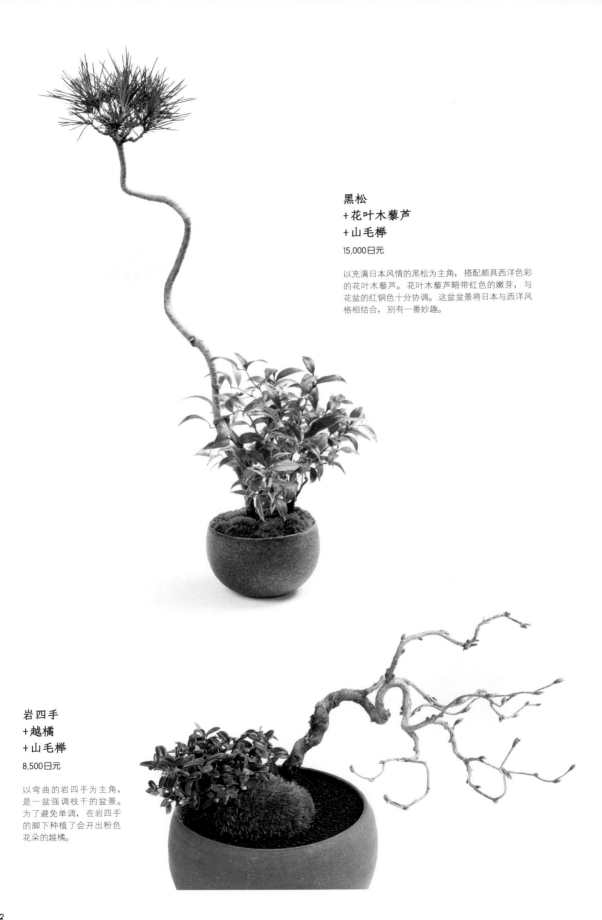

黑松
+花叶木藜芦
+山毛榉

15,000日元

以充满日本风情的黑松为主角，搭配颇具西洋色彩
的花叶木藜芦。花叶木藜芦略带红色的嫩芽，与
花盆的红铜色十分协调。这盆盆景将日本与西洋风
格相结合，别有一番妙趣。

岩四手
+越橘
+山毛榉

8,500日元

以弯曲的岩四手为主角，
是一盆强调枝干的盆景。
为了避免单调，在岩四手
的脚下种植了会开出粉色
花朵的越橘。

赤松+山苔

8,500日元

带有条状花纹、形状精致的花盆，配上一株从根部分叉的赤松，营造出了抗寒耐雪的北国针叶树景观。花盆中还铺设了小粒的鞍马砂，远观时给人以景色壮阔之感。

清澄白山菊
+五叶黄连
+山苔

6,000日元

这是一盆以草本植物为主的组合盆景，让人能够领略到山上大片草木的风光。清澄白山菊淡紫色的可爱花朵可以长期观赏，与现代风格的花盆也很搭配。

山毛榉
+山苔

15,000日元

突出了山毛榉在盆中挺拔生长、生机勃勃的状态。简单的构图，却能让人感受到力量。造型给人的感觉就像小山丘上独立着一棵大树。

泡盛升麻
+山苔

4,500日元

多年生草本植物泡盛升麻，每年初夏时节都会开出可爱的白色小花，到了秋天还可以观赏到红叶。白色的花朵和绿色的苔藓相映成趣，搭配白色的花盆显得更加清爽，适合于夏季摆放。

山毛榉+山苔

6,500日元

虽然山毛榉丛生也很美观，但是为了突出其自然伸
展的枝叶，在这盆盆景中特意只栽种了一株。整洁、
有力的感觉，适合搭配简单、现代的装潢风格。

真柏+山苔

5,000日元

造型别致的苔玉盆景。制作简单，
且即使变得干燥也不妨碍观赏。

榆榉+山苔

65,000日元

利用榆榉扎根于花盆中垂下的形态，营造出生长于
悬崖上的树木的感觉，可以说是一种非常独特的盆
景。如果放在高台或架子上，下垂的树形就会显
得更加突出。

小羽团扇枫
+鞍马羊齿苔
+山苔

65,000日元

花盆中铺满了鞍马羊齿苔和山苔，再现了绿意盎然的山中景色。将多株小羽团扇枫栽种到一起，其相互依存的构图也能让人感受到强烈的生命气息。

水莲木
+鞍马羊齿苔
+山苔

8,000日元

土耳其蓝的花盆搭配花朵形似睡莲的水莲木，凉爽的蓝色和娇艳的粉紫色相碰撞，夏季观赏可冲淡梅雨季节的郁闷感。

桧树+粗叶白发苔

8,500日元

以加拿大和北欧的树林为原型，在小小的花盆中表现了壮阔的景色。观赏起来仿佛漫步在树木丛生的小路上，心灵能够沉浸于那份凉爽与宁静之中。

刺猬盆景 （10,000日元）

小刺猬盆景 （6,500日元）

绵羊盆景 （9,000日元）

树獭盆景 （8,000日元）

猫咪盆景 （9,000日元）

乌龟盆景 （8,500日元）

山苔盆景

设计：青木有理子，制造：能作
使用各种动物造型的花盆制作的山苔盆景。山苔
的叶子茂盛而呈半球状，看起来像动物的毛一般，
非常可爱。作为礼物送人也很受欢迎。

锡盆雏鸟盆景（左）、铜盆雏鸟盆景（右）
（各3,000日元）

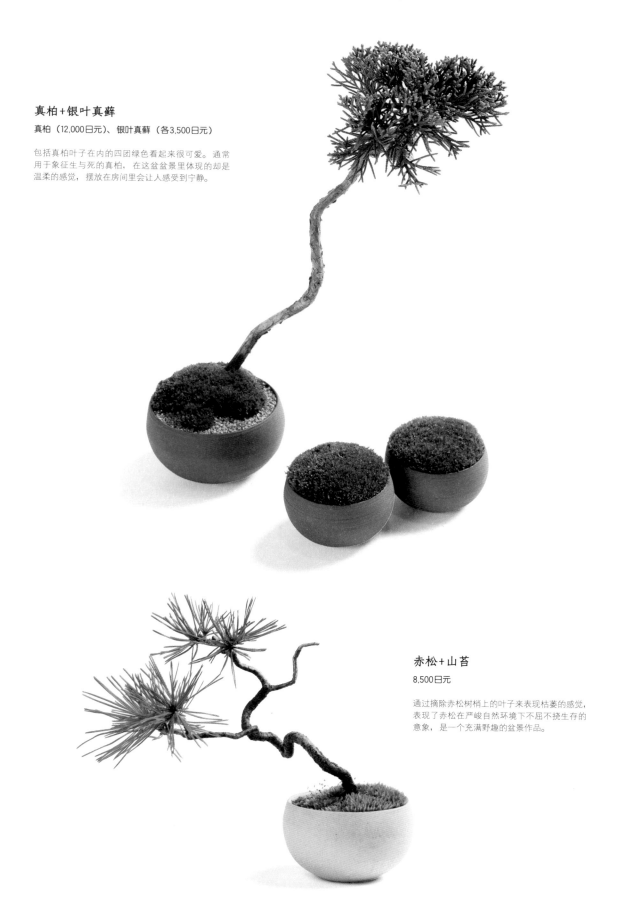

真柏＋银叶真藓

真柏（12,000日元）、银叶真藓（各3,500日元）

包括真柏叶子在内的四团绿色看起来很可爱。通常用于象征生与死的真柏，在这盆盆景里体现的却是温柔的感觉，摆放在房间里会让人感受到宁静。

赤松＋山苔

8,500日元

通过摘除赤松树梢上的叶子来表现枯萎的感觉，表现了赤松在严峻自然环境下不屈不挠生存的意象，是一个充满野趣的盆景作品。

小真弓的四季状态

春

摄于3月9日

这株小真弓种植于40厘米见方的花盆中，营造出了武藏野茂密树林的景观。仅存的一颗红色果实让人感受到冬天的余韵，同时也感受到即将到来的春天的风情。这样的盆景适合放置于玄关等醒目的地方。

夏

摄于7月6日

小真弓的叶子开始生长，枝干也变绿了，让人可以感受到初夏的清爽。小真弓根部周围种植着颜色明亮的苔藓，呈现出盎然的勃勃生机。

秋

摄于10月25日

盆景整体呈现出一种沉静的感觉。夏天
即将过去，小真弓的叶子逐渐变成深绿
色，并向红色过渡，让人意识到昼夜温
差较大的秋季终于来临了。

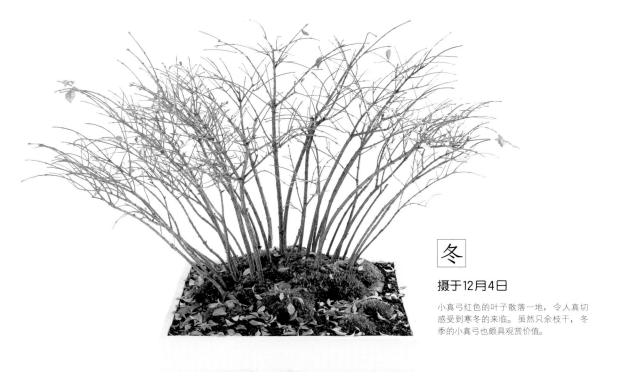

冬

摄于12月4日

小真弓红色的叶子散落一地，令人真切
感受到寒冬的来临。虽然只余枝干，冬
季的小真弓也颇具观赏价值。

小羽团扇枫
+鞍马羊齿苔
+山苔

20,000日元

苔藓类植物能让人感受到生命力，铺满花盆中给人以春天万物萌芽的温暖感。小羽团扇枫高低错落地种在盆中，充分表现了空间的纵深感和景色的壮阔。

老鸦柿+粗叶白发苔

18,000日元

为了突出小羽团扇枫造型独特的果实，把枝条上的枯叶全部摘除，同时在其根部铺设了一层厚厚的苔藓，使果实更加突出。鲜艳的果实垂在枝头沉甸甸的，让人联想到丰收的季节。

镰柄苔桃+山苔

10,000日元

以山丘上生长的苹果树为原型制作而成。镰柄苔桃初夏会开出可爱的白色花朵，秋季则结出鲜红的果实，一年四季都颇具观赏价值。

光蜡树+山苔

7,500日元

简单的山苔搭配枝条舒展的光蜡树，给人以山丘之上蔓延一片绿色树林的感觉。光蜡树在很多国家都有种植，所以这种盆景广受各国人民喜爱。

万两+南天烛
+五叶黄连
+山苔

25,000元

适合用于迎春的盆景。万两的绿色和南天烛的红色相碰撞，吉祥而又喜庆。搭配上金光闪闪的花盆，凸显了现代感和奢华感。

木贼
+鞍马羊齿苔
+山苔

8,000日元

选用形似竹子的木贼，制作了这盆表现夏日竹林的盆景。舒展的木贼看起来青翠欲滴，仿佛能够听到竹林尽头小河的潺潺流水。

山红叶+山苔

9,500日元

使用白色矢作砂作为化妆砂，表现了日式庭园的风情。山红叶的幼苗略显稚嫩，如果仅栽一株会给人以摇摇欲坠之感，但是这几株互相依靠、互为补充，就形成了一派安详平和的景色。

龙胆+鞍马羊齿苔+山苔

8,000日元

这盆盆景仿佛把大自然中的景色原封不动地收入花盆之中，让人足不出户就能以1:1的比例欣赏到自然美景。

三角槭+山苔

10,000日元

三角槭（又名唐枫、三角枫）原产于中国。这盆盆景营造了秋日走在红叶林中观看到的景色。从新绿到深红，一年四季均可观赏。

宫坂酿造的设计

位于日本长野县谛访市的宫坂酿造株式会社是一家以酿酒为主业的公司。由于公司拥有广阔美丽的庭园，所以室内陈设的盆景也吸收了庭园的意象，仿佛是微缩的大自然。设计者还特意将混凝土块垫在花盆的下面，好像庭园里的石板。

山红叶+山苔

6,500日元

这盆盆景的设计理念是"在榻榻米房间里摆放手掌大小的红叶"，这样就可以一边品尝清酒一边观赏红叶了。

山红叶+山苔

12,000日元

这盆盆景的设计理念则是"把绿色铺设到玄关"，一打开门绿色便迎面而来，一天的辛苦仿佛也会尽数消散。

小羽团扇枫+山苔

6,000日元

铺设的化妆砂表现了日式庭园特有的枯山水风格，简单的构图凸显了小羽团扇枫的挺拔，一年四季都颇具观赏价值。

山红叶+山苔

5,500日元

用一个锡制花盆，就可以使盆景充满现代感。这一造型可以看作山丘上的一棵树，也可以看作孤岛上的一棵树。因为造型简洁，无论摆放在哪里都很合适。

观音坐莲

45,000日元

这盆盆景使用了日本著名陶艺家斋藤志磨制作的大型花盆"铁轴"，看起来颇具高级感。原本观音坐莲作为观叶植物给人以西洋风格之感，但由于选用了和风的花盆和化妆砂，又使整盆盆景呈现出浓郁的日本风情。

山红叶 + 山苔

4,800日元

造型优美的山红叶盆景。虽然只有约20厘米高，
却一年四季都可观赏。特别是到了秋季就能够观赏
到红叶，即使在室内也能感受到季节的流转。

六月雪 + 山苔

5,500日元

为了与六月雪的白色花朵相呼应，特意选择了白色
的花盆，非常适合装饰在西式风格的房间内。由
于六月雪四季常青，一年四季都可观赏。

枹栎 + 姬石菖 + 山苔

30,000日元

设计者灵活运用枹栎优美的枝条走势，制作了这盆
造型简洁却充满野趣的盆景。而选用锡制的花盆，
又给盆景注入了令人无法忽视的人工气息。

真实景色与景色盆景

凑近仔细观赏第128页中的小真弓景色盆景，仿佛身处杂木林中。不知林子的尽头会有些什么呢……

图书在版编目（CIP）数据

浓缩的四季：小林健二的景色盆景／（日）小林健二著；刘婧译．—武汉：华中科技大学出版社，2019.4
ISBN 978-7-5680-5052-4

Ⅰ.①浓… Ⅱ.①小… ②刘… Ⅲ.①盆景-观赏园艺 Ⅳ.①S688.1

中国版本图书馆CIP数据核字（2019）第049306号

ATARASHII BONSAI NO KYOUKASHO
© KENJI KOBAYASHI 2017
Originally published in Japan in 2017 by X-Knowledge Co., Ltd.
Chinese (in complex character only) translation rights arranged with X-Knowledge Co., Ltd. TOKYO,
through g-Agency Co., Ltd, TOKYO.

简体中文版由X-Knowledge授权华中科技大学出版社有限责任公司在中华人民共和国境内（但不含香港、澳门和台湾地区）出版、发行。

湖北省版权局著作权合同登记　图字：17-2019-014号

浓缩的四季：小林健二的景色盆景
Nongsuo de Siji Xiao Lin Jian Er de Jingse Penjing

[日] 小林健二　著　刘婧　译

出版发行：华中科技大学出版社（中国·武汉）　　电话：(027) 81321913
　　　　　北京有书至美文化传媒有限公司　　　　（010) 67326910-6023
出 版 人：阮海洪

责任编辑：莽　昱　康　晨
责任监印：徐　露　郑红红　　封面设计：秋　鸿

制　　作：北京博逸文化传播有限公司
印　　刷：联城印刷（北京）有限公司
开　　本：787mm×1092mm　　1/16
印　　张：8.5
字　　数：46千字
版　　次：2019年4月第1版第1次印刷
定　　价：79.80元

华中出版

本书若有印装质量问题，请向出版社营销中心调换
全国免费服务热线：400-6679-118　　竭诚为您服务
版权所有　侵权必究